Roman Bendisch
Uwe Kern

Projekte managen – Basiswissen kompakt

FOM Projektmanagement Band I

Essen 2006

ISBN 3-89275-048-3

Akademie Verlag

MA Akademie Verlags-
und Druck-Gesellschaft mbH
Rolandstr. 5-9 45128 Essen
Tel. 0201 81004-351
Fax 0201 81004-610

ISBN 3-89275-048-3

Projekte managen

Basiswissen kompakt

Dipl.-Inf. Roman Bendisch

Prof. Dr. Uwe Kern

E-Mail: info@r-buk.de
Internet: www.r-buk.de

Inhaltsverzeichnis

Abbildungsverzeichnis

Tabellenverzeichnis

Legende

Abbildung, Übersicht, Tabelle

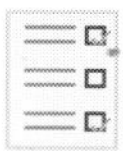
Checkliste, Vorgehensweise

Kontrollfrage, Übung

Zusammenfassung

Tipp

Formular

Beispiel

Ziel des Kapitels

Vorwort

Das Thema Projektmanagement ist nicht neu, aber seine Bedeutung wächst rapide. Gerade in hoch industrialisierten Volkswirtschaften nehmen Projekte und entsprechende Organisationen ständig an Bedeutung zu, damit Unternehmen sich im Wettbewerb behaupten und flexibel auf neue Anforderungen des Marktes reagieren können.

Dieses Buch richtet sich an Studenten und Praktiker, die aufgrund ihres beruflichen Einsatzes die Inhalte, Konzepte und Methoden des Projektmanagement erlernen oder vertiefen möchten.

Mit diesem Buch sollen verschiedene Lernsituationen und -prozesse unterstützt werden. Es soll zunächst einerseits inhaltlich ein Basisverständnis für das Projektmanagement, seine Organisationsformen und Methoden, aber auch den Einsatz heute unabdingbarer Software-Werkzeuge entwickelt werden. Andererseits soll das Buch flexibel auf Anforderungen der Lernenden eingehen, indem der Zugriff und die Aneignung von Wissen problemgerecht herbeigeführt werden. Letzteres wird insbesondere durch eine Schnelllesemethodik, Checklisten und Stichwortverzeichnis erreicht.

Aufbauend auf diesem ersten Buch sollen weitere Bände entstehen, die spezielle Aspekte des Projektmanagements aufgreifen. Dem Leser wird darüber hinaus eine spezielle Internet-Seite zur Verfügung gestellt, auf der aktuelle Themen des Projektmanagements, eine Kommunikation mit den Autoren sowie Aktualisierungen angeboten werden (www.r-buk.de).

Ziele und Zielkonflikte

Fragen, die dieses Kapitel beantwortet

- Welche Zielkomponenten gibt es in einem Projekt und wie sind sie voneinander abhängig?
- Warum scheitern Projekte und welche hieraus ableitbaren vorbeugenden Maßnahmen können ergriffen werden?
- Wie sind Ziele effektiv und effizient zu formulieren?

Projektmanagement

Das Projektmanagement umfasst die Organisation, die Projektleitung, unterschiedliche Instrumente und Techniken sowie die notwendigen Funktionen (Planung, Kontrolle, Steuerung) zur Durchführung eines Projektes[1].

Obwohl die Bedeutung von Projekten in den meisten Organisationen nicht nur bekannt ist und erhebliche finanzielle Risiken mit Projekten verbunden sind, scheitern viele Projekte, teilweise sogar kläglich.

Notwendigkeit des Projektmanagements

- Nebulöse Ausgangssituation
- Geschäftsprozesse sind ungenügend analysiert
- Nicht eindeutige Spezifikation der Ziele
- Unterschätzung der Komplexität
- Risiken werden falsch oder gar nicht berücksichtigt. Mögliche Gegenmaßnahmen werden ungeprüft und / oder ungenau aufgezeigt
- Häufige Änderungen der Anforderungen
- Wissensträger werden nicht involviert
- Unqualifizierte und unmotivierte Teammitglieder werden involviert

Der daraus resultierende Nutzen des Projektmanagements

- Projekte werden planbar
- Die Führbarkeit wird erleichtert

1 Vgl. Jenny (2001), S. 61.

- Die Produktivität bei der Herstellung des Objektes wird erhöht
- Projekte bieten eine zusätzliche Entwicklungsmöglichkeit für Mitarbeiter
- Die Projektkosten sind transparenter und werden reduziert
- Die Projektdauer verkürzt sich
- Die Objektqualität erhöht sich

Die Gründe für das Scheitern von Projekten sind vielfältig. Typische Ursachen für nicht erreichte Projektziele sind:

Warum Projekte zum ***Misserfolg*** *werden*

Unklare Anforderungen und Ziele	***68***
Fehlende Ressourcen zum Projektstart	***43***
Politik, Egoismen, Kompetenzstreitigkeit	***43***
Fehlende PM-Erfahrung	***43***
Unzureichende Projektplanung	***38***
Schlechte Kommunikation	***37***
Mangel an qualifizierten Mitarbeitern	***36***
Fehlende PM-Methodik	***29***
Mangelhaftes Shakeholder Management	***23***
Fehlende Unterstützung des Managements	***21***

Angaben in Prozent

Abb. 1: Ursachen für das Scheitern von Projekten[2]

2 Vgl. o. V. (2003)

Erfolgreiche Projekte erfordern also klare Ziele, eine angemessene Organisation und eine Reihe weiterer Faktoren.

Magisches Dreieck

In allen Projekten sind bestimmte Formal- und Sachziele einzuhalten bzw. in ein ausgewogenes Verhältnis zu bringen. Diese lassen sich durch das so genannte magische Dreieck beschreiben, das aus den Dimensionen Leistung / Qualität, Kosten und Zeit besteht.

Abb. 2: Magisches Dreieck

Leistung / Qualität

Abstimmung Auftraggeber / Projektleiter

Die Leistung bzw. Qualität meint das sachliche Ergebnis eines Projektes. Es umfasst verschiedenartige Merkmale, Eigenschaften und Rahmenbedingungen. Bevor die Eigenschaften und Merkmale einer Lösung fixiert werden und die Leistungserstellung in Form eines Projektes beginnt, hat eine Abstimmung zwischen dem Auftraggeber und dem Projektleiter stattzufinden. Ziel ist es, dass beide Parteien der gleichen Auffassung darüber sind, was letztendlich zu erstellen ist.

Zeit

Die Bestimmungsgröße Zeit hat unterschiedliche Ausprägungen. Es existiert eine Startzeit, zu der ein Projekt beginnt. Des Weiteren existiert zu Anfang des Projektes eine geplante Endzeit, bis zu der die Leistung erbracht werden muss. Der Zeitraum dazwischen ist die Dauer des Projektes. Die Dauer ist eine Größe, die üblicherweise vom Projektleiter zum Projektbeginn geschätzt oder ihm vorgegeben wird.

Im Projektverlauf werden zu bestimmten Zeitpunkten Kontrollpunkte festgelegt. Hierbei handelt es sich um die so genannten Meilensteine. Meilensteine werden aus unterschiedlichen Gründen gesetzt. Einerseits hat der Projektleiter die Möglichkeit, seinen Projektstand zu überprüfen und bei Abweichungen die entsprechenden Maßnahmen zu ergreifen. Andererseits erfolgt oft die sukzessive Bezahlung durch den Auftraggeber, wenn das Produkt den vordefinierten Zwischenstand erreicht hat.

Meilenstein

Kosten

Die Durchführung von Projekten erfordert die Bereitstellung eines Budgets. Zum Projektstart werden die Kosten geschätzt und zwischen Auftraggeber und Projektleiter fixiert. Sie beziehen sich hauptsächlich auf Personal (intern und extern) sowie die Nutzung bestimmter Ressourcen (Geräte, Materialien, Räume usw.). Da die Kosten nicht exakt vorhersehbar sind, müssen sie regelmäßig kontrolliert werden, um bei Abweichungen reagieren zu können[3].

Personal, Ressourcen

Die drei Bestimmungsgrößen stehen in einer engen Beziehung und sind voneinander abhängig. Das bedeutet, wenn eine Größe

3 Vgl. Jenny (2001), S. 163 f.

verändert wird, wirkt sich dies sofort auf die anderen Größen aus. Werden beispielsweise bei der Durchführung des Projektes zusätzliche externe Ressourcen benötigt, weil interne unvorhergesehen ausgefallen sind, erhöht das aufgrund des höheren Stundensatzes oft die Gesamtkosten. Wird das Budget nicht dementsprechend erhöht, folgt daraus eine unzureichende Ressourcenverfügbarkeit und somit auch eine Leistungseinschränkung oder eine Verlängerung des Terminplans.

Zielformulierung in der Praxis

schriftliche Zielformulierung

Die Projektziele müssen in der Zukunft liegen, für alle Beteiligten verständlich, messbar, realistisch und mit den vorhandenen Mitteln erreichbar sein. Sie fließen in den schriftlich fixierten Projektauftrag (*siehe Anhang/Projektauftrag*) ein und dienen dazu, das Projektende und die Erfüllung der Aufgabe nachzuweisen. Der Projektleiter hat dafür zu sorgen, dass die Ziele schriftlich formuliert werden und der Projektauftrag durch den Auftraggeber unterschrieben wird. Die Ziele werden mit Hilfe der SMART-Regel fixiert.

SMART-Regel

- **s**chriftlich und spezifisch (präzise und unmissverständlich),
- quantitativ **m**essbar,
- **a**nspruchsvoll (Herausforderung),
- **r**ealistisch, mit vorhandenen Ressourcen erreichbar,
- **t**erminlich strukturierbar.

Im Rahmen einer ersten Planung wird die grundsätzliche Vorgehensweise festgelegt. Es werden Teilziele gesetzt, d. h. Vereinbarungen über bestimmte Zwischenergebnisse getroffen. Des Weiteren wird fixiert, in welcher Form Zwischenergebnisse überprüft, bewertet und freigegeben werden.

Kontrollfragen

1. Nennen Sie typische Ursachen für das Scheitern von Projekten.
2. Nennen Sie die Elemente des magischen Dreiecks.
3. Nennen Sie typische Zielkonflikte im Rahmen des magischen Dreiecks.
4. Welche Anforderungen an Ziele nennt die SMART-Regel?
5. Welche Maßnahmen sind zu ergreifen, um ein Projekt auf ein stabiles Fundament zu setzen?

Organisation von Projekten

Fragen, die dieses Kapitel beantwortet

- Welche unterschiedlichen Projektarten gibt es?
- Welche Aufgaben und Funktionen haben Führungsorgane?
- Wie erfolgt eine effiziente Kommunikation in Projekten?
- Welche Instanzen sind in einem Projekt involviert, welche Aufgaben haben sie und wie setzt man sie effizient ein?
- Welche Vor- und Nachteile haben die einzelnen Organisationsformen und wo werden sie eingesetzt?
- Welche Projektphasen gibt es und wie lauten deren Inhalte?
- Wie erfolgt eine effektive und effiziente Planung, Kontrolle und Steuerung von Projekten?

Projektarten

Es gibt unterschiedliche Projektarten, die sich nach dem zu erstellenden Gegenstand oder danach unterscheiden, ob sie eine unternehmensinterne oder –externe Auswirkung haben[4].

1. **Gegenstandsbezogen**

- Investition (z. B. Bau einer neuen Produktionsstätte)
- Forschung und Entwicklung (z. B. Entwicklung einer neuen, noch nicht existierenden Produkteigenschaft)
- Organisation (z. B. Umzug eines Verwaltungsstandortes)
- Software (z. B. Einführung einer unternehmensweiten Standardsoftware)

2. **Innen- / Außenwirkung**

- Intern (z. B. Einführung einer unternehmensweiten Standardsoftware
- Extern (z. B. Kundenauftrag)

4 Vgl. Bernecker / Eckrich (2003), S. 57.

Aufbauorganisation

Aufgabendimension

Allgemeine Managementaufgaben

Der Begriff Management wird sowohl institutionell als auch als Prozess oder Aufgabenbündel verwendet. Aus der aufgabenorientierten Sicht haben die Führungsorgane in der klassischen Betrachtung folgende Funktionen[5]:

- Ziele setzen,
- planen,
- entscheiden,
- realisieren und
- kontrollieren.

Diese Aufgaben sind normalerweise in einen Prozess der Koordination und Kommunikation eingebettet. Hierin werden dann auch andere Aufgabenträger (z. B. Controller) einbezogen. Im Projektmanagement sind aufgrund der dynamischen Aufgabenstruktur und der zeitlichen Begrenzung der Aufgaben dabei insbesondere Kommunikation und Führung von besonderer Bedeutung.

Kommunikation

Die Kommunikation ist ein Prozess der Mitteilung, des wechselseitigen Austauschs von Gedanken, Meinungen, Wissen und Erfahrungen sowie der Weitergabe von Informationen. Der Projekt-

5 Vgl. Wöhe (2005), S. 62 ff.

leiter hat dafür zu sorgen, dass ausreichend und richtig in einem Projekt kommuniziert wird. Die Art und Weise der Kommunikation in einer Projektgruppe ist meist entscheidend für die Zusammenarbeit[6].

Möglichkeiten der Verständigung

In einem Projekt findet die Verständigung in Routine- und Problembesprechungen zwischen den Projektbeteiligten sowie in Verhandlungen mit Kunden und externen Leistungsanbietern statt. Damit eine unnötige Zeitverschwendung durch ziel- und ergebnislose Besprechungen vermieden wird, muss der Projektleiter verschiedene Punkte beachten und für die Einhaltung Sorge tragen. Eine effiziente und effektive Kommunikation ist eine Voraussetzung für den Projekterfolg. Folgende Arten von Kommunikation sind zu unterscheiden:

- Persönliche (Projektsitzung, Telefongespräch usw.)
- Dokumentenbasierende (Projektantrag, E-Mail usw.)

Die Besprechung gehört zu den aufwendigsten Kommunikationsarten. Folgende Punkte sind daher insbesondere zu beachten.

6 Vgl. Mees / Oefner-Py / Sünnemann / Oefner-Py / Sünnemann (1993), S. 91.

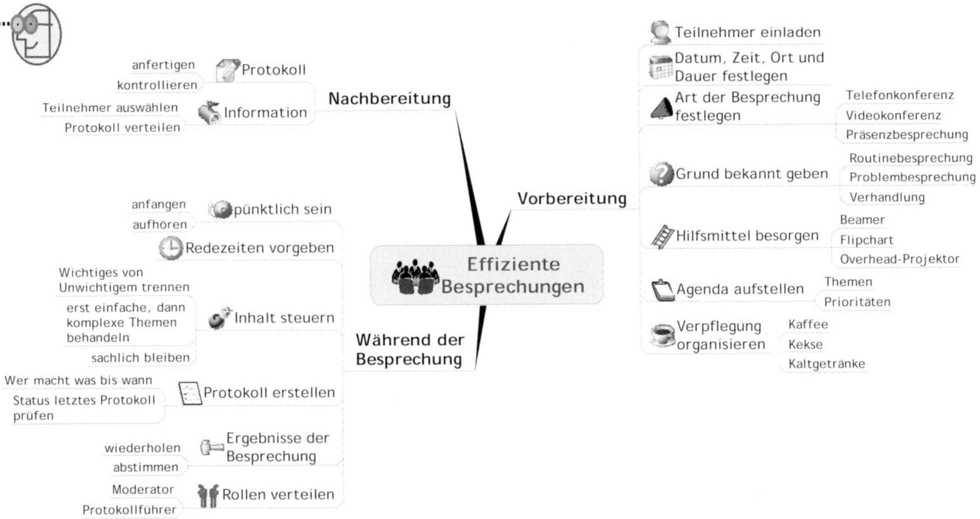

Abb. 3: Effiziente Besprechungen

Allgemein gilt:

- Pünktlich anfangen (Zeit ist Geld!)
- Regelmäßigkeit / Grund (Besprechungen werden nur dann durchgeführt, wenn etwas Wichtiges (Ausnahme Routinebesprechungen in Projekten) anliegt
- Das Nähkästchen (eine Besprechung ist nicht dazu da, um aus dem "Nähkästchen" zu plaudern oder sich oder seine Arbeit darzustellen)
- “Ich – möchte – meinen – Vorgesetzten – nicht – damit – belästigen – Syndrom„ (In Besprechungen wird offen über Problemherde oder mögliche Problemherde diskutiert)

Planung ist wichtig:

- Vorbereitung von Räumen und Geräten (Beamer, Projektor, Tafeln, ...)
- Einladungen versenden

- Wer „muss“ an der Besprechung teilnehmen und wer nicht: Die Mitarbeiter, die an der letzten Besprechung teilgenommen haben, nehmen automatisch auch an der nächsten teil.
- Dauer berechnen
- Wie lange dauert jeder eigene Tagesordnungspunkt
- Welcher der Teilnehmer hat welche Punkte zu besprechen und wie lange dauern diese
- Zuerst einfache Themen, dann komplexe
- Gezielt darauf achten, wer wann redet
- Protokoll erstellen und spätestens einen Tag nach der Besprechung an alle Teilnehmer versenden *(siehe Anhang/Besprechungsprotokoll)*

Vorgehensweise variieren (Monotonie vermeiden):

1. Begrüßung durch den Projektverantwortlichen und in der ersten Projektbesprechung Vorstellung der einzelnen Teammitglieder
2. Projektstatus klären (anhand des Projektplans und des in der letzten Besprechung erstellten Besprechungsprotokolls = Aktionsliste *(siehe Anhang/Besprechungsprotokoll)*
3. Bericht aller Teilnehmer oder, wenn Modulteams bestehen, pro Modul ein Sprecher
4. Zusammenfassung der Inhalte in einem Besprechungsprotokoll *(siehe Anhang/Besprechungsprotokoll)*
5. Nächsten Termin vereinbaren

Die drei möglichen in einem Projekt vorkommenden Besprechungsarten sind Routinebesprechungen (z. B. regelmäßige Treffen des Projektteams), Problembesprechungen (z. B. ein technisches Problem führt dazu, dass eines der Projektziele nicht erreicht werden kann) und Verhandlungen (z. B. mit externen Firmen. Sie lassen sich wie folgt unterscheiden[7]:

Routinebesprechungen	Problemsitzungen	Verhandlungen
× feste Zeitabstände (z. B. wöchentlich) × Inhalt und Reihenfolge 1. Statusbericht 2. Wortmeldungen jedes Teammitgliedes (max. 5 Minuten) 3. Zusammenfassung der offenen (alten und neu hinzugekommenen) Themen 4. Klärung, was durch wen bis wann zu tun ist 5. Protokollierung und Verteilung	× findet im Bedarfsfall statt × Ziel ist die Verabschiedung eines Maßnahmenkatalogs zur Lösung eines Problems × Inhalt und Reihenfolge 1. Darlegung des Problems (Grund, Ziel) 2. Brainstorming (sichtbare stichwortartige Aufnahme aller Ideen (Flip-Chart, Tafel)) 3. Bewertung der Lösungsansätze 4. Verteilung von Aufgaben (was durch wen bis wann gemacht wird) 5. Lückenlose (Punkt 1, 4!) Protokollierung und Verteilung	× keine Lösungsfindung, sondern Ausfechten von unterschiedlichen Standpunkten × ein falsch eingeschlagener Weg kann unvorhersehbare Folgen in Bezug auf den Endtermin und den Kostenrahmen haben × mündliche (z. B. telefonische) Absprachen sind auch schriftlich zu fixieren und von beiden Parteien zu unterschreiben × Regeln[8]: 1. Es gibt nichts, über das nicht verhandelt werden kann. 2. Zurückhaltung und Höflichkeit sind besser als Euphorie und Arroganz. 3. Eile bedeutet ein hohes Risiko (➔ Reduzierung des Tempos). 4. Für eine unerwartet zu treffende Entscheidung ist ein anfängliches 'Nein' eine gute Ausgangsposition. 5. Anpassung an den Stil des Verhandlungspartners. 6. Erst unproblematische, dann kritische Themen. 7. Zulegen einer bewussten Unaufmerksamkeit, um in der Zeit ständig über Alternativen und Optionen nachdenken zu können.

Tab. 1: Besprechungsarten[9]

7 Vgl. Grupp (1997), S. 101.

8 Vgl. Quack (1999), S. 23.

9 Vgl. Wischnewski (2001), S. 71-76.

Führung

Führung heißt, jemandem eine Richtung auf ein Ziel zu geben und ihn in Bewegung auf dieses Ziel zu halten[10]. Es kommt darauf an, dass sich der jeweilige Mitarbeiter zum richtigen Zeitpunkt in der richtigen Aufgabe entfalten kann, dass also eine möglichst hohe Leistung mit und durch diesen Mitarbeiter erreicht wird.

zum richtigen Zeitpunkt die richtige Aufgabe

Da es sich trotz aller theoretisch dargelegten Vorgehensweisen zur erfolgreichen Durchführung eines Projektes bei den Ausführenden um Menschen handelt[11], müssen die Schwerpunkte Führungsstil, Motivation und Konfliktmanagement als Aufgabe der Projektleitung besonders beachtet werden[12].

Führungsstil

Unter Führungsstil versteht man das dauerhafte und in bestimmten Situationen gleich bleibende Verhalten von Vorgesetzten gegenüber Mitarbeitern, das auf einem bestimmten Menschenbild basiert[13]. Zu unterscheiden sind der kooperative (gemeinsam mit den Mitarbeitern zu einer Entscheidung kommen), der autoritäre (die Führungsperson dominiert und zwingt den Mitarbeitern ihre Meinung auf) und der Laisser-faire-Führungsstil (überlässt den Mitarbeitern die Diskussion und die Entscheidung über ein Problem)[14].

kooperativ, autoritär, laisser-faire

10 Vgl. Litke (1995), S. 175.

11 Vgl. Denert (1991), S. 426.

12 Vgl. Wischnewski (2001), S. ff.

13 Vgl. Jenny (2001), S. 413.

14 Vgl. Kupper (1996), S 232 ff.

Motivation

Motivation ist die Summe aller Antriebe eines Menschen, die ihn „von sich aus" zum Handeln bringen. Das Gegenteil von Motivation ist die Manipulation. Hierbei wird versucht, jemanden zu einem Verhalten zu bringen, das er eigentlich nicht will[15]. Der Pfad zwischen Motivation und Manipulation ist sehr schmal. Deshalb muss der Projektleiter in der Lage sein, sich in ein Teammitglied hineinzuversetzen, um somit die Bedürfnisse des jeweiligen Mitarbeiters erkennen zu können. Ein bewährtes theoretisches Hilfsmittel ist die Bedürfnispyramide von Maslow[16]. Da jeder Mensch jedoch ein Individuum ist, sind die Bedürfnisse dementsprechend individuell. Eine Befragung von Mitarbeitern in der Praxis hat die folgende Reihenfolge[17] an Bedürfnissen ergeben:

versus Manipulation

1. Anerkennung
2. interessante Arbeit
3. angemessene Bezahlung
4. Verständnis in Bezug auf persönliche Angelegenheiten
5. Aufstiegsmöglichkeiten

Sind die Motivationsfaktoren jedoch einmal ermittelt und werden die entsprechenden Maßnahmen eingeleitet, so hat der Projektleiter einen weiteren Schritt in Richtung erfolgreicher Durchführung des Projektes getan.

15 Vgl. Kupper (1996), S. 213 ff.

16 Die von Abraham Maslow entwickelte Theorie ordnet die Bedürfnisse in Schichten (von unten nach oben; physiologisch bedingte, Sicherheitsbezogene, soziale, Ich-bezogene Bedürfnisse und das Bedürfnis zur Selbstverwirklichung) ein. Die Bedürfnisse eines Mitarbeiters, welche noch nicht befriedigt sind, führen zur Motivation. Vgl. Maslow (2005), S. 62 ff.

17 Vgl. Kupper (1996), S. 237.

Konfliktmanagement

Rolle Projektleiter

In jedem Projekt treten Konflikte zwischen Projektmitarbeitern auf. Je mehr Mitarbeiter an einem Projekt beteiligt sind, desto größer ist das Risiko. Gründe sind u. a. unzureichende Absprachen oder unzulängliche Besprechungsniederschriften[18]. In solchen Situationen muss der Projektleiter als neutrale Person eingreifen und viel Fingerspitzengefühl beweisen. Sein Ziel ist es, beiden Parteien gerecht zu werden. Hierzu hört er sich die Meinungen beider Seiten separat an und versucht dann, in einem gemeinsamen Gespräch zu einer Lösung zu kommen. Nach Beendigung des Treffens muss ein Kompromiss gefunden sein, der die Ziele beider Kontrahenten berücksichtigt.

Aufgabenträger

klare Aufgabeninhalte, Kompetenzen u. Verantwortlichkeiten

Damit ein Projekt ohne Schwierigkeiten verläuft, sind von Anfang an klare Aufgabeninhalte, Kompetenzen und Verantwortlichkeiten zu definieren[19]. In einem Projekt kommen unterschiedliche Ausprägungen der Aufgaben- bzw. Problembewältigung vor. Zu unterscheiden sind:

- **Autonomie:** Aufgabenträger arbeitet unabhängig
- **Kooperation:** Aufgabenträger arbeitet kooperativ
- **Schnittstelle:** Übergabe von Informationen

Die folgende Darstellung zeigt die Aufgabenträger, die bei der Durchführung eines Projekts beteiligt sind:

18 Vgl. Wischnewski (2001), S. 78 f.
19 Vgl. Jenny (2001), S. 54.

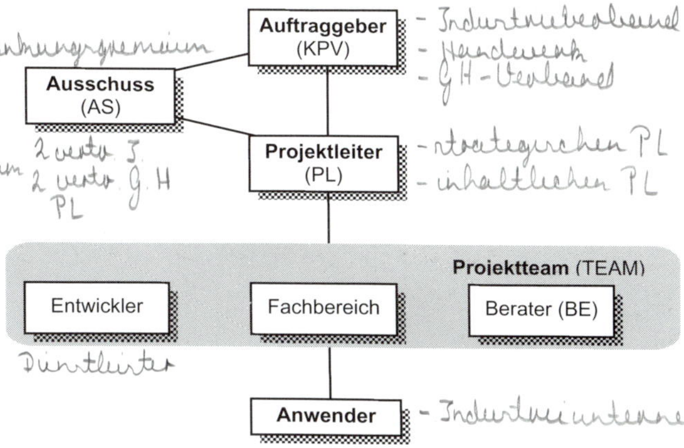

Abb. 4: Projektinvolvierte Aufgabenträger

Auftraggeber

Projektvorschläge können von unterschiedlichen Seiten kommen. Interner Auftraggeber kann z. B. ein Fachbereich, die Geschäftsführung oder die IT-Abteilung sein. Externe Anforderer können beispielsweise Unternehmensberater, Kunden und Lieferanten sein.

Projektteam

Teamfähigkeit, fachliche Qualifikation

Es ist eine Projektgruppe einzurichten, bei der es primär auf die Teamfähigkeit der einzelnen Mitarbeiter und deren fachliche Qualifikation ankommt. Das Ergebnis eines Projektes ist nicht der persönliche Erfolg oder Misserfolg, sondern der des Teams. Der Mensch ist der zentrale Faktor in einem Projekt! Der Projektleiter hat mit Hilfe des Auftraggebers dafür zu sorgen, dass die benötigten Mittel zur richtigen Zeit am richtigen Ort zur Verfügung stehen. Dazu gehören beispielsweise Räumlichkeiten, Hardware,

Entwicklungstools, aber auch die Unterstützung von internen oder externen Spezialisten[20].

Projektleiter

Projektleiter koordiniert, plant, steuert, beseitigt Probleme

Dem Projektleiter sind für das Projekt die entsprechenden Kompetenzen zu übertragen. Seine Aufgaben liegen ausschließlich im Managementbereich. Das heißt er ist derjenige, der koordiniert, steuert, plant, Probleme beseitigt und kontrolliert. Die grundsätzlichen Eigenschaften des Projektleiters sind Disziplin, Konsequenz und Identifikation mit der Aufgabe. Er ist derjenige, der für die gesunde Basis des Projektes Sorge trägt[21]. Mit dem Projektleiter steht und fällt ein Projekt.

Sonstige Instanzen

An komplexeren Projekten sind in der Regel eine Vielzahl von Instanzen beteiligt. Die folgende Tabelle zeigt, in welchen Projektphasen welche Ressourcen eingesetzt werden müssen:

Vorbereitung	Konzeption	Spezifikation	Realisierung	Inbetriebnahme	Wartung
PL	PL	PL	PL	PL	
TPL		TPL	TPL	TPL	
BE	BE	BE	BE	BE	
TEAM	TEAM	TEAM	TEAM	TEAM	TEAM
AS	AS	AS	AS		
KPV	KPV	KPV	KPV	KPV	
SC				SC	SC

Tab. 2: Einsatz der Projektbeteiligten pro Phase

20 Vgl. Jenny (2001), S. 102, 112.
21 Vgl. Kupper (1996), S. 25.

KPV Der kommerzielle Prozessverantwortliche ist in der Regel der Auftraggeber, Initiator und Geldgeber des Projektes.

AS Der Ausschuss besteht in der Regel aus dem Auftraggeber (KPV), dem technischen Prozessverantwortlichen, dem Projektleiter, den Beratern und den Teilprojektleitern. Die Mitglieder treffen sich in regelmäßigen größeren Zeitabständen (z. B. monatlich) und in Problemsituationen.

BE Externer Berater, der das Projektteam bei der Umsetzung des Projektes unterstützt.

TEAM Das Projektteam ist für die termingerechte Realisierung des Projektes verantwortlich. Die Teammitglieder verteilen sich auf die im Projekt existierenden Teilprojekte (z. B. Umsetzungsteam, Planungsteam, Analyseteam, Prozessverbesserung usw.). Die Teammitglieder sind Mitarbeiter aus den Fachbereichen, die über das notwendige Prozess-Know-how verfügen, Mitarbeiter aus den technischen Abteilungen, die für die zur Verfügungstellung bzw. Einstellung des Systems verantwortlich sind, oder Externe.

TPL Der Teilprojektleiter ist für einen in sich geschlossenen Teil des Projektes verantwortlich.

PL Der Projektleiter ist Gesamtverantwortlicher für alle Teilprojekte. Er ist für die zeitgerechte Leistungserstellung im Rahmen des zur Verfügung stehenden Budgets verantwortlich.

SC Nachdem ein Projekt abgeschlossen ist, ist die erste Kontaktstelle sämtlicher Kunden das Service Center. Das

Service Center nimmt Neuanforderungen sowie Fehlermeldungen der Kunden entgegen. Es ist für die richtige Weitergabe des Problems an die richtige Stelle verantwortlich sowie für die Dokumentation und Weiterverfolgung der Fehlerlösung bzw. Weiterbearbeitung der Neuanforderung und Information des Kunden.

Instanzen	Anforderungen	Aufgaben	Verantwortung
Auftraggeber	× mittleres oder oberes Management	× Formulierung des Projektauftrages × Freigabe der Projektphasen × Festlegung der Projektorganisation × Ernennung des Projektleiters	× Finanzverantwortung × Sachverantwortung × Terminverantwortung
Projektteam - Entwickler - Fachbereich - Berater	× Bereitschaft zur Kooperation × Flexibilität × Kreativität × Engagement × Identifikation der Projektziele	× Sicherstellung von Qualität × Erarbeitung, Analyse und Bewertung von Lösungsalternativen × Implementierung und Test von Lösungen × Erstellung von Rückmeldungen an den Projektleiter	× sachliche Beurteilung der ausgearbeiteten Varianten × richtige und effiziente Umsetzung der Lösung × Dokumentation der Vorgänge
Ausschuss	× neutrale Stellung × mittleres oder oberes Management	× Kontrolle × Beratung × Prüfung × Schlichtung	× trägt einen Teil der Projektverantwortung

Anwender	× Wissen über
	  × betriebliche Schnittstellen,
	  × den Ist-Zustand,
	  × die zur Verfügung stehenden Sachmittel.
		× Definition der Testziele
		× Aufstellung von Testszenarien
		× Test der Ergebnisse
		× Dokumentation der Tests
		× Freigabe der Applikation
			× Mit-Freigabe der Phasendokumente
			× auf die Bereinigung von Fehlern bestehen
			× Freistellung für Projektaktivitäten

Instanzen	Anforderungen	Aufgaben	Verantwortung
Projektleiter	× Unteres oder mittleres Management × Soziale Kompetenz × Kenntnisse von Prinzipien, Methoden, Techniken × Ggf. Fremdsprache × Durchsetzungsvermögen × Kommunikationsfähigkeit × Motivation / Konfliktmanagement	× Zielerreichung (Kosten, Termin, Qualität × Schaffung einer gesunden Basis × Gesamtplanung × Kontrolle, Steuerung × Koordination × Information × Fehler und Probleme erkennen und beseitigen	× Zielerreichung × Projektteam × Budget

Tab. 3: Profil der projektbeteiligten Instanzen[22]

Projektorganisationen

Die im Rahmen eines Projektes formulierten Aufgaben haben meistens einen abteilungsübergreifenden Charakter. Dies impliziert eine heterogene Zusammensetzung des Projektteams. Daher ist für eine klare disziplinarische Abgrenzung zu sorgen. Um das Projektteam in die Unternehmensstruktur einzugliedern, bedarf es der Aufstellung einer geeigneten Projektorganisation. Das Projektmanagement und seine Organisation sind oft als Ergänzung der Linienorganisation anzusehen. Abhängig von der jeweiligen Organisationsform werden dem Projektleiter mehr oder weniger Verantwortung und Kompetenzen übertragen.

klare disziplinarische Abgrenzung

22 Vgl. Jenny (2001), S 117 ff., Litke (1995), S. 61 f; S. 71 f; S. 182 f, Kupper (1996), S. 63 f, Steinbuch (1998), S. 76, S. 93 ff.

Reines Projektmanagement

Diese Organisationsform ist dadurch charakterisiert, dass eine eigenständige Organisationseinheit erschaffen wird. Sie ist hierarchisch parallel zu den anderen Abteilungen in der Linienorganisation angesiedelt. Demzufolge ist die Projektleitung direkt der Geschäftsführung unterstellt.

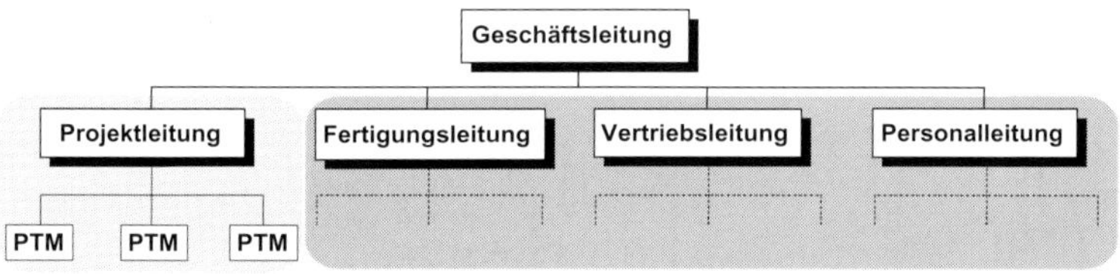

Abb. 5: Reines Projektmanagement

Vor- / Nachteile

Dieses Modell zeichnet sich durch die klare Festlegung von Kompetenzen und Verantwortlichkeiten, die optimale Ausrichtung aller Ressourcen und Tätigkeiten auf das Projektziel, die eindeutige Weisungs- und Entscheidungsbefugnis sowie die schnelle Reaktionsfähigkeit des Projektleiters bei Störungen aus. Ein Nachteil ist die Unsicherheit über den weiteren Einsatz der Projektmitarbeiter nach Projektende. Das dadurch hervorgerufene Sicherheitsstreben der Mitarbeiter kann zu einer Projektverzögerung führen[23]. Des Weiteren besteht die Schwierigkeit der Bereitstellung der Ressourcen für die Projektzeit.

Matrix-Projektorganisation

Die Mitarbeiter bleiben in der Linienorganisation. Sie haben je-

23 Vgl. Westermann / Kraus (1998), S. 39., Steinbuch (1998), S. 72.

doch zwei Vorgesetzte. Zum einen den Leiter des Projektes und zum anderen den der Linie. Es handelt sich um eine aufwendige, aber vielseitige Projektorganisation. Sie ist für Projekte mit knappen Ressourcen geeignet.

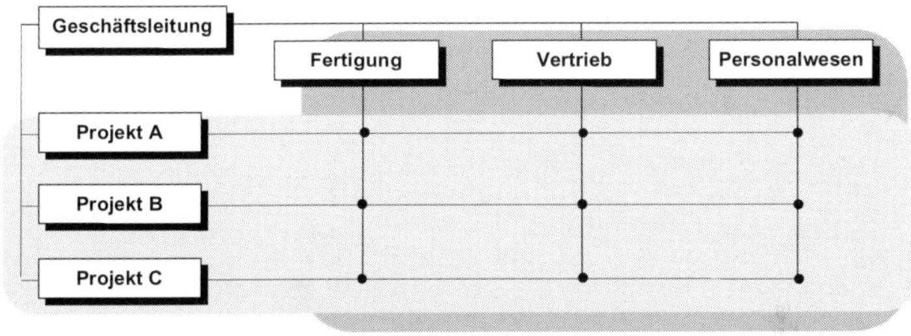

Abb. 6: Matrix-Projektorganisation

Vor- / Nachteile

Diese Organisationsform ist gekennzeichnet durch ihren guten Informationsfluss und die Aufteilung der Verantwortung auf zwei Personen. Außerdem müssen die Mitarbeiter nicht aus ihrem organisatorischen Umfeld gelöst werden. Nachteile sind die Entstehung von Konflikten zwischen den Weisungsbefugten, die Bildung einer Rechtfertigungskultur in Problemsituationen[24] sowie hohe Anforderungen an die Informations- und Kommunikationsbereitschaft der Mitarbeiter.

Einfluss-Projektorganisation

Die Projektkoordination erfolgt durch eine Stabsstelle. Der Projektleiter hat keinerlei Weisungsbefugnis gegenüber den Mitarbeitern in der Linienorganisation.

24 Vgl. Westermann / Kraus (1998), S. 40 f.

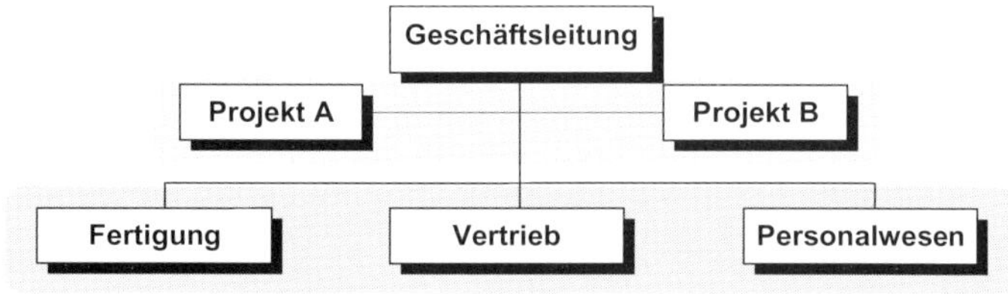

Abb. 7: Einfluss-Projektorganisation

Vor- / Nachteile

Vorteile dieser Organisation sind der geringfügige Aufwand für die Einführung, die Entlastung des Projektleiters sowie der flexible Einsatz der Mitarbeiter in verschiedenen Projekten. Nachteilig sind die Konfliktanfälligkeit, die fehlende Autorität des Projektleiters[25] und das häufig fehlende Verantwortungsbewusstsein der Mitarbeiter.

Projektorientierter Teilbereich

In dieser Organisationsform wird in den einzelnen Abteilungen ein zusätzliches, in sich geschlossenes Team gebildet.

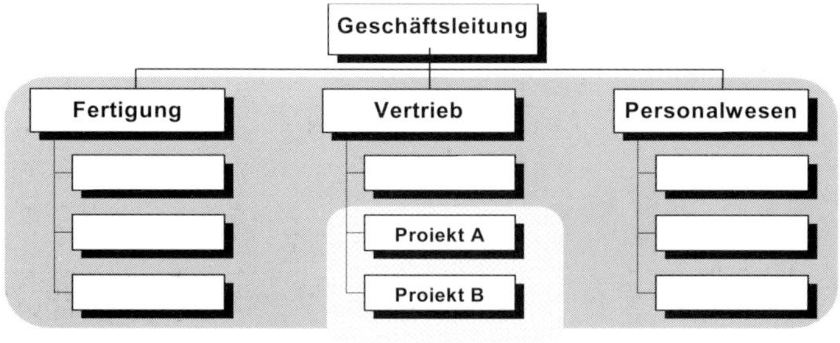

Abb. 8: Projektorientierter Teilbereich

25 Vgl. Zielasek (1995), S. 19.

Vor- / Nachteile

Diese Projektorganisation impliziert einen kurzen Dienstweg, einen geringen Koordinationsaufwand, der Linienvorgesetzte ist gleichzeitig Projektleiter und die Mitarbeiter werden nicht aus ihrem gewohnten Umfeld gelöst. Außerdem besteht die Möglichkeit der Einbringung des funktionalen Know-hows durch den Mitarbeiter. Hingegen führt sie zu einer starren Ausrichtung auf das Projektziel und damit zu einer Vernachlässigung der Linienaufgaben[26].

Vergleich

Welche Organisationsform zu welchem Projekt am besten passt, ist abhängig von unterschiedlichen Projektcharakteren.

	Reine	**Matrix**	**Einfluss**	**Teilbereich**
Projektgröße	groß	mittel	klein	klein
Projektdauer	lang	mittel	kurz	kurz
Komplexität	hoch	mittel	gering	gering
Soft Skills PL	hoch	mittel	gering	gering

Tab. 4: Vergleich der Projektorganisationen

26 Vgl. Rinza (1994), S. 129 f.

Ablauforganisation

Projektphasen allgemein

Gesamtplanung

Planung, Kontrolle und Steuerung innerhalb von Projekten bezieht sich sowohl auf das Gesamtprojekt als auch auf einzelne Phasen und kann durchaus von verschiedenen Aufgabenträgern übernommen werden. D. h. es erfolgt eine Gesamtplanung des Projektes sowie zusätzlich die Planung der einzelnen Phasen. Beide Ebenen sind regelmäßig zu überprüfen und bei Abweichungen zu aktualisieren. Folgende Schritte sind zu durchlaufen:

1. Aufstellung der Phasenplanung.
2. Durchführung der Phase mit parallelen Kontroll- und Steuerungsmaßnahmen.
3. Bewertung der Ergebnisse. Wurden die Ziele erreicht, erfolgt der Übergang zur nächsten Phase. Anderenfalls müssen die noch durchzuführenden Arbeiten neu geplant werden.

Am Ende des jeweiligen Projektabschnittes wird ein bestimmtes Ergebnis bzw. Ziel angestrebt. Die nachfolgende Grafik soll die Verzahnung der Bereiche sowie deren Zwischenergebnisse aufzeigen.

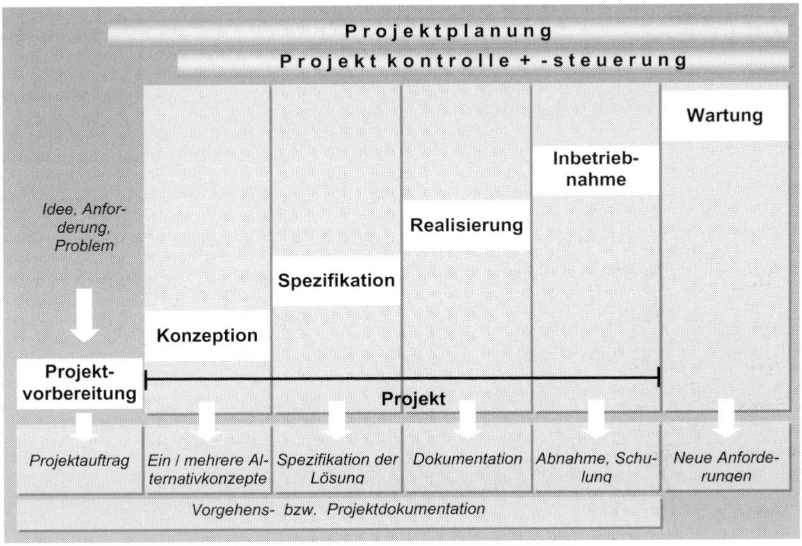

Abb. 9: Verzahnung von Projektmanagement und -phasen

Die folgenden Checklisten weisen auf die wichtigen Inhalte jeder Phase hin.

Projektvorbereitung

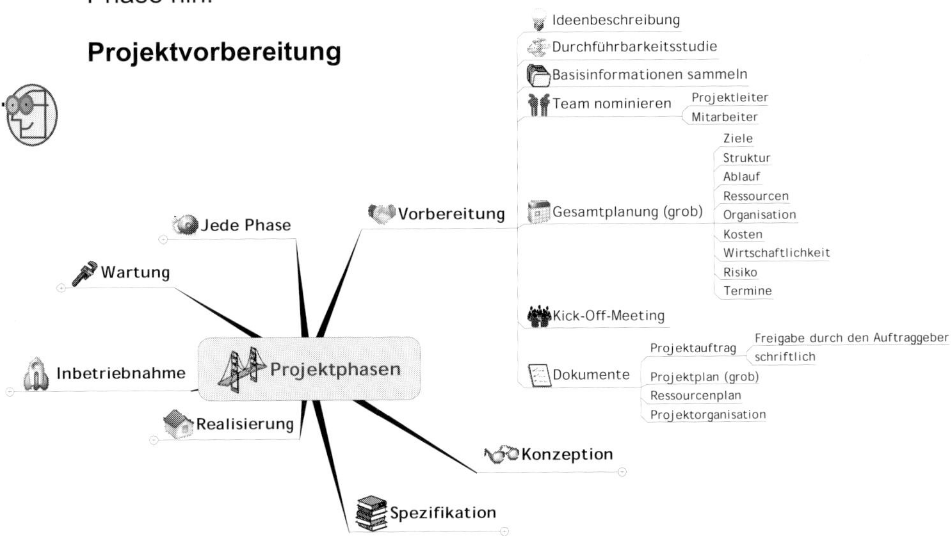

Abb. 10: Vorprojektphase: Projektvorbereitung

Konzeption

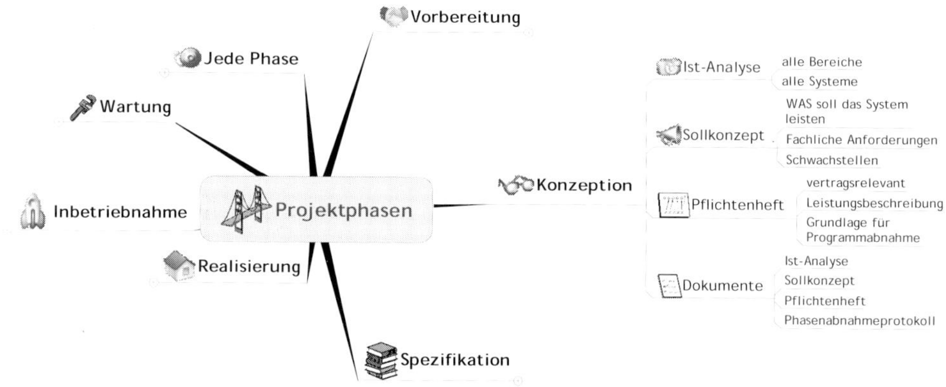

Abb. 11: Phase: Konzeption

Spezifikation

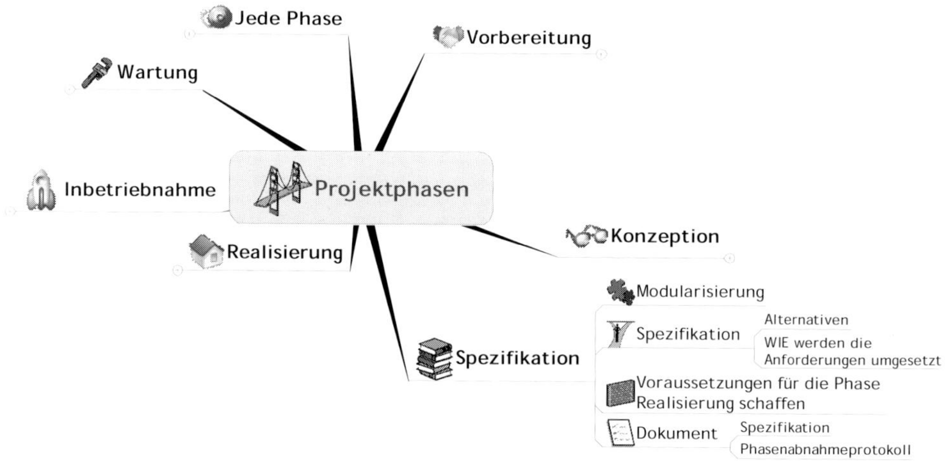

Abb. 12: Phase: Spezifikation

Realisierung

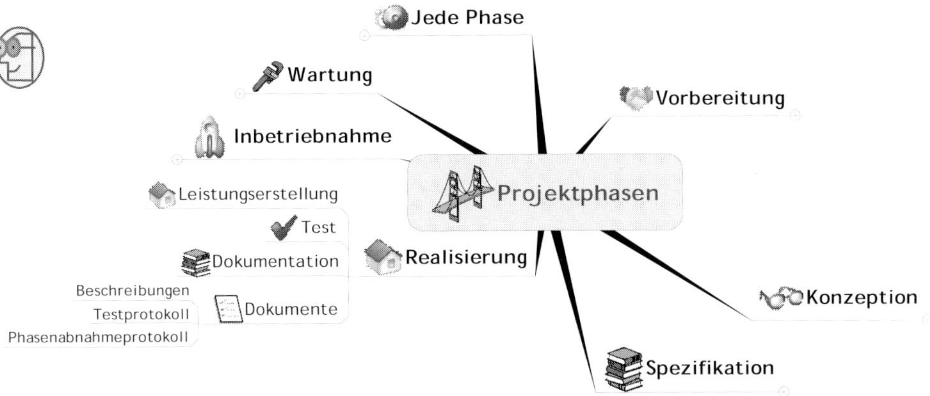

Abb. 13: Phase: Realisierung

Inbetriebnahme

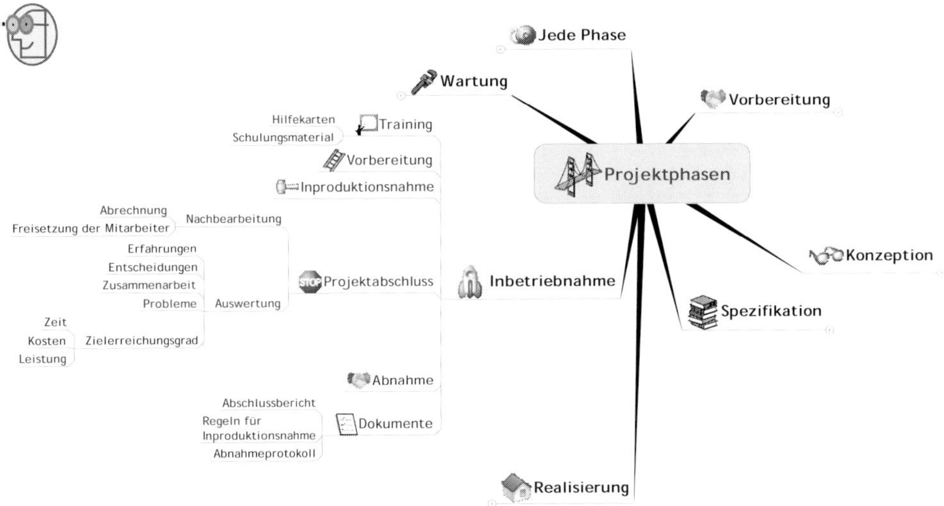

Abb. 14: Phase: Inbetriebnahme

Wartung

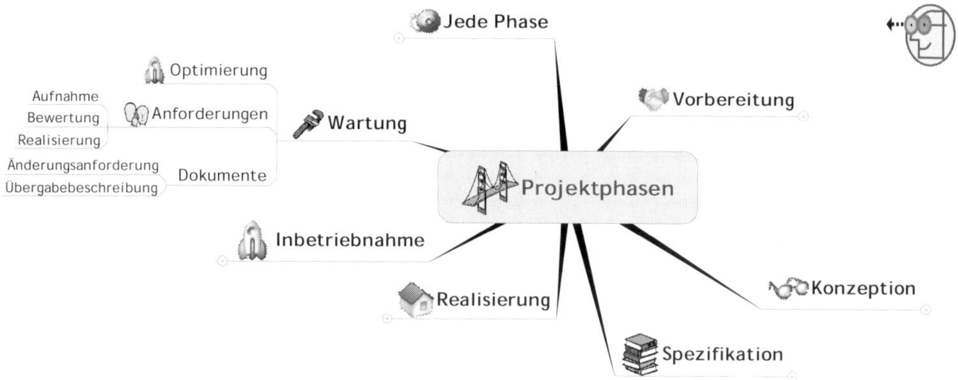

Abb. 15: Phase: Wartung

Inhalte einer jeden Phase

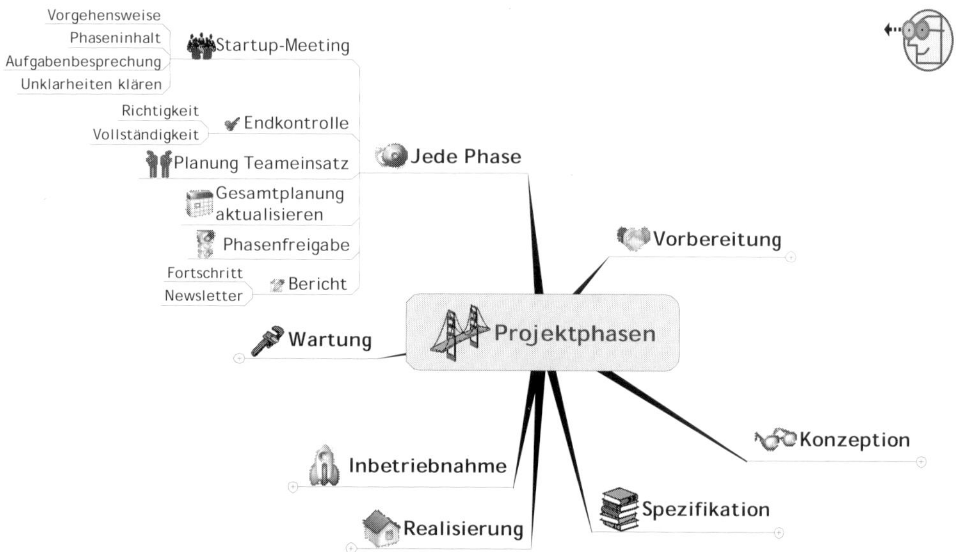

Abb. 16: Inhalte einer jeden Phase

Projektplanung

Die Planung umfasst die zielgerichtete Vorbereitung und gedankliche Vorwegnahme (Antizipation) von in der Zukunft liegenden Aktivitäten mit dem Ziel, diese möglichst geradlinig und sicher zu erreichen[27]. Sie ist ein iterativer Prozess von Projektanfang bis -ende und muss ständig überprüft und den jeweils aktuellen Gegebenheiten angepasst werden.

iterativer Prozess

Da die Durchführung der einzelnen Planungsschritte ebenfalls Zeit in Anspruch nimmt und dafür Ressourcen und finanzielle Mittel bereitgestellt werden müssen, erfolgt für die Planung eine Planung (Metaplanung)[28]. Diese kann unter Zuhilfenahme eines Balkenplans (Gantt-Diagramm) schnell und übersichtlich realisiert und dargestellt werden. Sie enthält Informationen darüber, was wann und durch wen durchgeführt wird sowie die einzelnen Abhängigkeiten der Vorgänge untereinander.

Metaplanung

verschiedene Planungsarten

Die Gesamtplanung eines Projektes umfasst verschiedene Planungsarten[29]. Diese umfassen differenzierende Informationen, welche in unterschiedlicher Form dargestellt und für ein oder mehrere Zwecke *(siehe Anhang/Projektauftrag)* verwendet werden. Durch das Auftreten unvorhersehbarer Ereignisse oder Änderungen kann der Durchlauf des gesamten Planungsvorgangs teilweise iterativ verlaufen. Das bedeutet, dass das ein oder andere Mal an eine vorherige Stelle zurückgesprungen werden muss, bis die Informationen zu dem jeweiligen Punkt vollständig und richtig sind. Entscheidend ist also nicht die sequentielle Vor-

27 Vgl. Schwarze (2001), S. 14.
28 Vgl. Litke (1995), S. 92.
29 Vgl. Jenny (2001), S. 229 ff.

gehensweise, sondern dass alle Planungselemente durchgeführt werden[30].

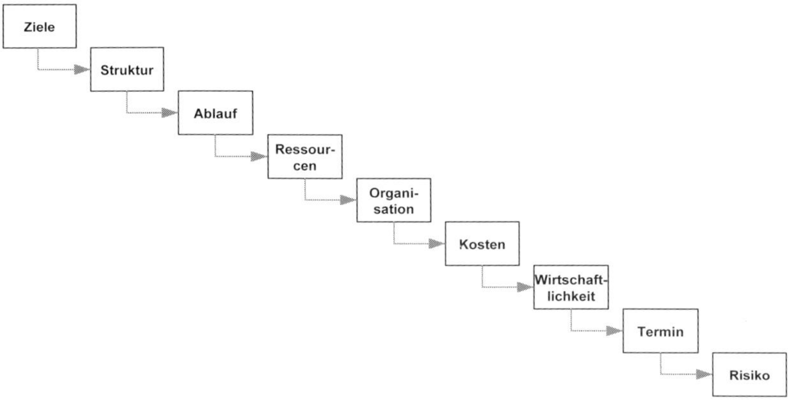

Abb. 17: Sukzessive Vorgehensweise der Planung

Konkretisierung der Ziele

klare Aufgabenstellung

Ein Ziel ist eine bewusst festgelegte Absicht, die in der Zukunft liegt und durch aktives Handeln erreicht werden kann[31]. Die Festlegung von Zielen ermöglicht eine klare Aufgabenstellung, eine zielgerechte Projektführung und eine eindeutige Bewertung der erbrachten Leistung zum Projektende[32]. Der Projektleiter hat dafür zu sorgen, dass die Projektziele frühzeitig und vollständig definiert werden (SMART-Regel).

Das Problem in der Praxis ist nicht, dass die Ziele nicht vorhanden sind, sondern die Ungenauigkeit der Formulierung[33]. Die Zie-

30 Vgl. Jenny (2001), S. 202 f.

31 Vgl. Boy / Dudek / Kuschel (1997), S. 43

32 Vgl. Zielasek (1995), S. 89.

33 Vgl. Jenny (2001), S. 233 f.

le müssen spezifiziert, strukturiert und bewertet werden. Daraus folgen eine bessere Übersichtlichkeit und die Möglichkeit, Widersprüche zu erkennen. Bei der Bewertung erfolgt eine Einteilung in Mussziele (müssen für den Projekterfolg erreicht werden) und Wunschziele (können erreicht werden und steigern somit den Projekterfolg). Im Rahmen der Spezifikation werden die Ziele in Vorgehens- (z. B. Terminziele in Form von Meilensteinen) und Systemziele (Ergebnisse z. B. 30 % schnellere Reaktionszeit im Fehlerfall) aufgeteilt. Die Strukturierung erfolgt durch die Darstellung in einer Hierarchie. Beispielsweise sieht eine Zielhierarchie wie folgt aus:

Ziele spezifizieren, strukturieren u. bewerten

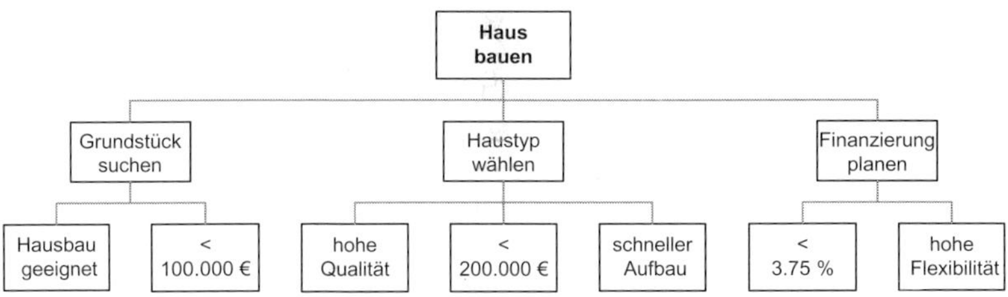

Abb. 18: Beispiel zur Zielhierarchie[34]

Strukturierung der Aufgaben

Nachdem die groben Projektinhalte beschrieben und die Ziele fixiert wurden, erfolgt nun die Strukturierung der Aufgaben. Hierzu wird die Gesamtaufgabe in Teilaufgaben zerlegt. Die Hierarchie wird mit Hilfe eines Projektstrukturplans dargestellt. Der Projektstrukturplan ist eine grafische Aufgliederung des Projektes in Teilprojekte, der Teilprojekte in Unterprojekte bis hin zu den Ar-

Gesamtaufgabe in Teilaufgaben zerlegen

34 Vgl. Jenny (2001), S. 234., Zielasek (1995), S. 91.

beitspaketen[35]. Ein Arbeitspaket ist die kleinste Einheit und stellt die eigentliche Aufgabe dar. In Summe ergeben die Arbeitspakete den gesamten Leistungsumfang des Projektes.

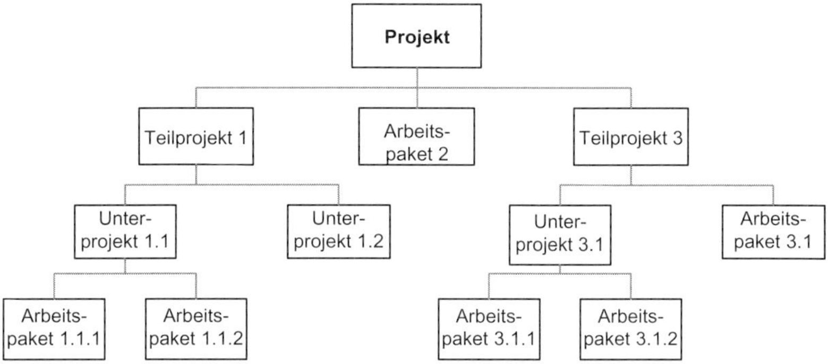

Abb. 19: Aufbau Projektstrukturplan

Projektstrukturplan

Anhand des Projektstrukturplans erhält der Projektleiter eine Gesamtübersicht über alle Aufgaben und somit eine Hilfe für die Projektabwicklung und -steuerung. Die Aufgaben können nunmehr den Mitarbeitern übertragen werden[36].

Bei der Aufstellung des Projektstrukturplans kann deduktiv (Zerlegung der Gesamtaufgabe in Teilaufgaben = Top down) oder induktiv (Teilaufgaben zur Gesamtaufgabe zusammenfügen = Bottom up) vorgegangen werden.

Varianten

Des Weiteren existieren unterschiedliche Möglichkeiten zur Aufstellung eines Projektstrukturplans. Zu den Varianten gehören die funktionsorientierte (ablauforientierte), die objektorientierte (aufbauorientierte) Zerlegung und eine Mischform aus beidem. In der

35 Vgl. Schwarze (2001), S. 83.

36 Vgl. Litke (1995), S. 96 f. , Westermann / Kraus (1998), S. 87 ff.

Praxis wird häufig die Mischform angewandt. Beispielsweise sieht ein grob vereinfachter Auszug aus einem Projektstrukturplan wie folgt aus:

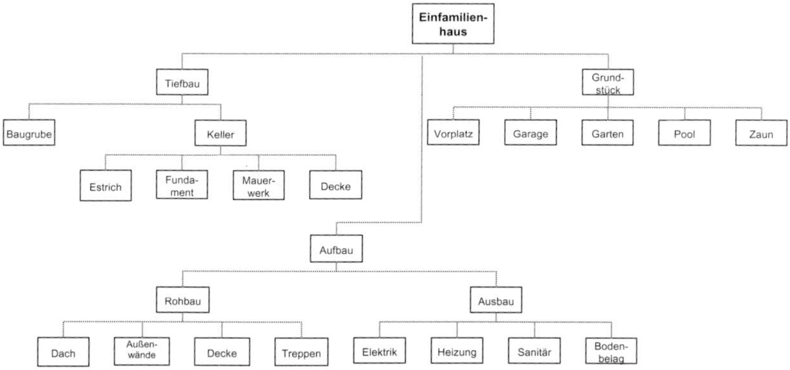

Abb. 20: Projektstrukturplan (objektorientiert)

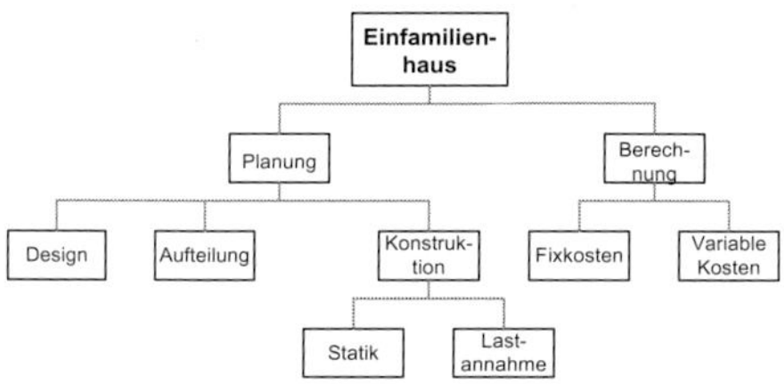

Abb. 21: Projektstrukturplan (funktionsorientiert)

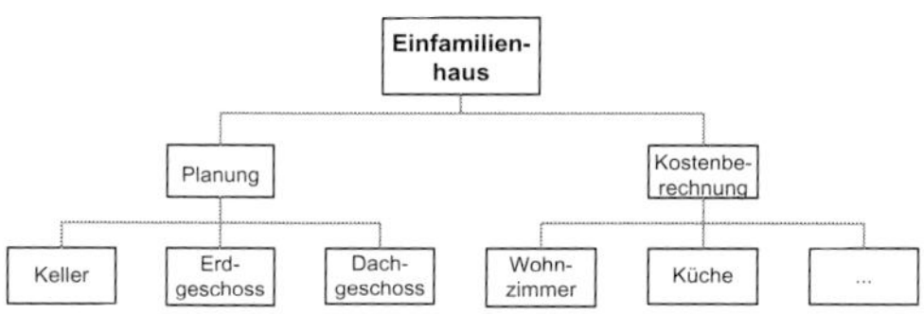

Abb. 22: Projektstrukturplan (Mischform)

Ablaufplanung

Der Projektstrukturplan ist die Voraussetzung für die Ablaufplanung. Hier werden die einzelnen Arbeitspakete (APK) in eine oder

Vorgänge

mehrere Tätigkeiten (= Vorgänge) aufgeteilt. Anschließend werden die Vorgänge in eine Vorgangsliste eingetragen und laufend nummeriert (VNR). Die Vorgangsliste wird, bezogen auf den einzelnen Vorgang, um den zeitlichen Vorläufer (VG) und Nachfolger ergänzt.

Vorgangsliste							
APK	**VNR**	**Vorgang**	**Anz.**	**Ressource**	**Dauer**	**Verantwortung**	**VG**
...	...	...					
4	0	Parkett					
4	1	zuschneiden	70 m^2	Säge	2 Std.	Schreiner	
4	2	Abstandhalter befestigen	4	Bohrmaschine	1 Std.	Schreiner	
4	3	verleimen	70 m^2	Lappen	2 Std.	Schreiner	1
4	4	verlegen	70 m^2	Hammer	8 Std.	Schreiner	2, 3
4	5	versiegeln	1	Rolle	2 Std.	Schreiner	4
4	6	schleifen	1		1 Std.	Schreiner	5
4	7	Leisten schneiden	8	Gehrungssäge	4 Std.	Schreiner	
4	8	Wandhalterung montieren	32	Akkuschrauber	2 Std.	Schreiner	
4	9	Leisten anbringen	8	Hammer	1 Std.		7, 8
...	...	...					

Abb. 23: Vorgangsliste

Danach werden alle Vorgänge gemäß ihrer Reihenfolge in einen Netzplan *(siehe Kapitel Methoden/Netzplantechnik)* eingetragen. Der entstandene Netzplan ist die Voraussetzung für die Ressourcen-, Termin- und Kostenplanung. Die bis jetzt erarbeiteten Pläne haben folgenden Zusammenhang:

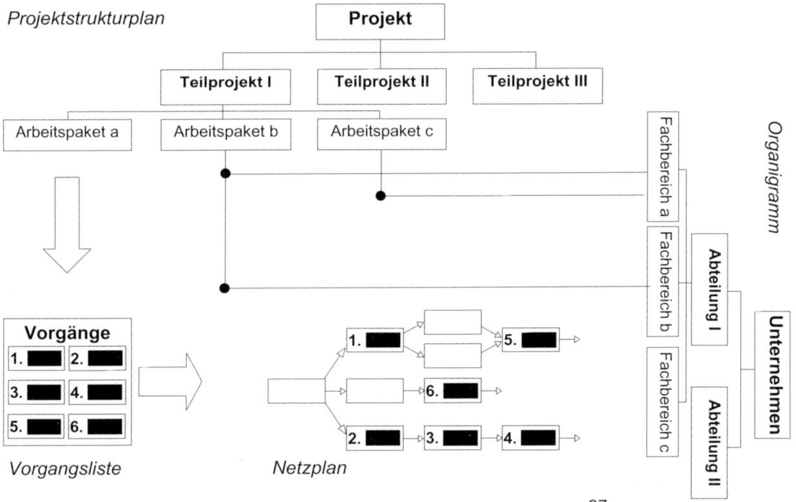

Abb. 24: Projektstrukturplan, Organigramm, Netzplan[37]

Ressourcenplanung

Die Ressourcenplanung (= Einsatzmittelplanung) erfolgt auf Basis der zusammengestellten Arbeitspakete. Hier wird ermittelt, welche Arbeitskräfte und Sachmittel zu welchen Zeitpunkten, in welchen Zeiträumen, in welchen Mengen an welchem Ort bereitgestellt werden müssen[38]. Eventuelle Engpässe sollen rechtzeitig erkannt werden, um dementsprechende Gegenmaßnahmen einleiten zu können[39].

Ermittlung der Arbeitskräfte und Sachmittel

Die Vorgehensweise bei der Planung des Personals sowie der Sachmittel ist äquivalent. Zuerst wird der Bedarf an Ressourcen erhoben. Dann findet ein Soll-Ist-Vergleich zwischen Einsatzmittelbedarf und -vorrat statt. Hier wird ermittelt, welche Ressourcen

37 Vgl. Schwarze (2001), S. 86., Litke (1995), S. 102.

38 Vgl. Schwarze (2001), S. 259.

39 Vgl. Winkelhofer (1997), S. 169.

noch beschafft werden müssen. In einem letzten Schritt werden Bedarf und Vorrat gegenübergestellt, die Ressourcen optimiert und den einzelnen Arbeitspaketen zugeordnet. Zur optimalen Auslastung der Ressourcen wird sich der Kapazitätsauslastungsmethode bedient, weil anhand dieser Engpässe und Leerläufe sichtbar werden.

Kapazitätsauslastungsmethode

Die Erstellung der Einsatzpläne für das Personal und die Betriebsmittel ist nun möglich.

Des Weiteren werden die verfügbaren Informationen in die Vorgangsliste und den Netzplan eingetragen. Der Projektleiter kann nun die Dauer, Pufferzeiten, Verschiebungs-, Dehnungsräume und den kritische Pfad berechnen.

kritischer Pfad

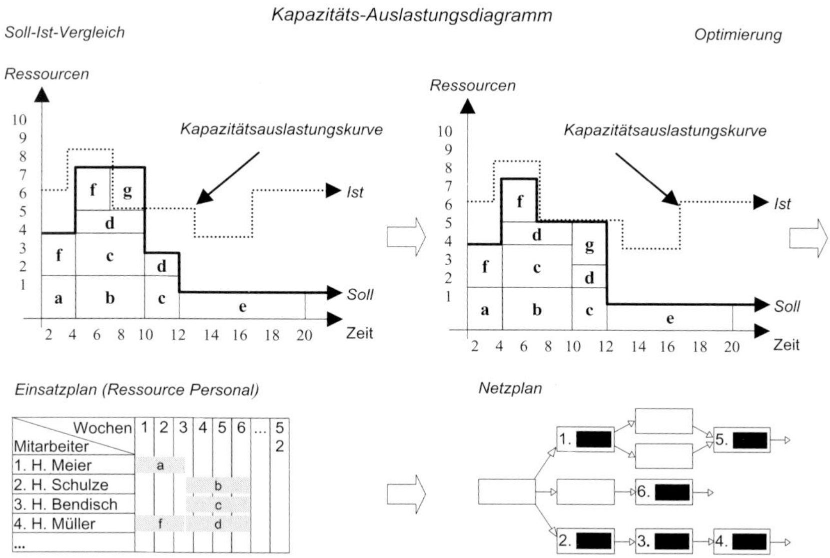

Abb. 25: Planungsergebnisse der Ressourcenplanung[40]

40 Vgl. Jenny (2001), S. 248., Grupp (1997), S. 287. Mende / Bieta (1997), S. 84 f.

Organisationsplanung

In dieser Planungsstufe werden drei Schritte durchgeführt. Als erstes sind die Projektbeteiligten in einem temporären Organisationsplan zu fixieren, um eine Gesamtübersicht aller Teammitglieder zu erhalten. Die zweite Stufe wird dazu genutzt, für das Projekt eine geeignete Organisationsform *(siehe Kapitel Organisation von Projekten/Projektorganisationen)* zu bilden. In der dritten Phase werden den verschiedenen Stellen Aufgaben, Verantwortung und Kompetenzen zugeordnet. Die Organisationsplanung kann für das gesamte Projekt sowie für jede einzelne Phase des Projektes erfolgen.

Organisationsformen

Kostenplanung

Für die im Rahmen eines Projektes zu erstellende Leistung fallen verschiedene Kosten an. Zur genauen Ermittlung dieser Kosten, unter Verwendung der in den Vorphasen ermittelten Werte, wird in der Planungsphase ein Projektbudget aufgestellt[41]. Die Kostenplanung ordnet weiterhin die voraussichtlichen Kosten den Arbeitspaketen, unter Berücksichtigung der vorhandenen Einflussgrößen und der vorgegebenen Ziele, zu.

Die Durchführung dieses Planungsschrittes hat verschiedene Hintergründe. Einerseits sollen die Kosten, die als Basis für die Genehmigung des Projektes fungieren, berechnet werden. Andererseits liegt der Grund in der Bereitstellung von Kostenangaben zur Durchführung von Termin- und Kostenkontrollen während der Projektdurchführung. Des Weiteren sollen die ermittelten Werte

verschiedene Hintergründe

41 Vgl. Grupp (1997), S. 302.

die Grundlage für die Überprüfung der Wirtschaftlichkeit (Kosten-Nutzen-Analyse) des zu erstellenden Produktes bilden[42].

Aufgabe des Projektleiters

Die Erstellung der Kostenplanung gehört mit zu den schwierigen Aufgaben des Projektleiters. Oftmals verlangt der Auftraggeber zu einem frühen Zeitpunkt einen Schätzwert des Projektleiters. Eine Aussage diesbezüglich ist deshalb problematisch, weil zu diesem Zeitpunkt unterschiedliche Informationen gar nicht oder nur teilweise vorhanden sind. Trotzdem muss der Projektleiter versuchen, eine möglichst genaue Kalkulation aufzustellen.

Einflussfaktoren

Die zusammengefassten Kosten aller Projekttätigkeiten und der anfallenden Systemanschaffungen werden als Projektkosten bezeichnet[43]. Bei der Berechnung der Kosten sind unterschiedliche Einflussfaktoren zu berücksichtigen, welche die Aufwände beeinflussen. Dazu gehören neben anderen die Qualität und Anforderungsspezifikation sowie der Schwierigkeitsgrad der Erstellung der Leistung. Weiterhin spielen bezüglich der Mitarbeiter die Anzahl, die Erfahrung und der Leistungswille eine ausschlaggebende Rolle.

Kostenarten

Um eine bessere Übersicht zu bekommen, werden die Kosten in verschiedene Kostenarten aufgeteilt und können in unterschiedlichen Strukturen aufgezeigt werden. Eine mögliche Struktur ist die Einteilung der Kosten in ausgabenwirksame und interne Projektkosten[44].

Am Ende der Kostenplanung kann der Projektleiter eine klare

42 Vgl. Jenny (2001), S. 268 f.

43 Vgl. Jenny (2001), S. 264 f.

44 Ausgabenwirksame Kosten sind Investitionen, die ohne das Projekt nicht auftreten würden. Interne Kosten sind kalkulatorische Kosten, die keine zusätzlichen Ausgaben verursachen.

Aussage über die Kosten pro Arbeitspaket machen. Die Angaben pro Arbeitspaket gliedern sich in Personalaufwand (Tage/Monate), Personalkosten, Einsatzmittel-Belegung (Stunden) und Einsatzmittelkosten auf. Zur Klärung von Verantwortlichkeiten werden die Kosten den entsprechenden Kostenstellen zugeordnet[45].

Wirtschaftlichkeitsprüfung

Zur Berechnung der Wirtschaftlichkeit können verschiedene quantitative Verfahren (z. B. Investitionsverfahren) sowie Scoring-Modelle (z. B. Nutzwertanalyse) angewendet werden *(siehe Kapitel Methoden/Nutzwertanalyse)*. Die Wirtschaftlichkeitsprüfung dient dabei meist der langfristigen Beurteilung des Projekterfolgs.

Nutzwertanalyse

Terminplanung

Unter einem Termin wird ein bestimmter Zeitpunkt verstanden. Zu unterscheiden sind beispielsweise Anfangs-, Endtermine der einzelnen Projektphasen und Arbeitspakete sowie Meilensteine. Zur Ermittlung der Termine müssen die bis zu dieser Phase erhobenen absoluten Zeiten in Kalendertermine umgerechnet werden. Diese Umrechnung wird als Kalendrierung bezeichnet[46]. Für die Terminplanung können unterschiedliche Instrumente eingesetzt werden. Dazu gehört z. B. der Balkenplan oder der Netzplan mit Vorgangsliste.

Kalendertermine

45 Vgl. Jenny (2001), S. 264 f., Schwarze (2001), S. 245 ff.

46 Vgl. Schwarze (2001), S. 214.

zeitliche Verzögerungen im Projektverlauf

Maßnahmen

Die bisher durchgeführten Planungen, insbesondere der Projektstruktur-, der Ablauf- und der Ressourcenplan, liefern Daten für den Terminplan und bilden mit ihm eine geschlossene Prozesskette[47]. Treten im Rahmen des Projektverlaufs zeitliche Verzögerungen oder Ausdehnungen auf, so können diese durch die Pufferzeiten[48] aufgefangen werden. Befinden sich die Vorgänge auf dem kritischen Pfad oder sind die Puffer nicht ausreichend, so hat der Projektleiter die Möglichkeit, unterschiedliche Maßnahmen zu ergreifen. Hierzu gehören u. a. der Einsatz von mehr Ressourcen und die Kürzung der Anforderungen bzw. der Arbeitspakete. Der Projektleiter wird gezwungen, in frühere Planungsschritte zurückzuspringen und neu zu planen. Bei der Terminplanung handelt es sich somit um einen iterativen Prozess[49].

Risikoanalyse

Einwirkung auf das Projektziel

Arten von Risiken

Eine Projektplanung ist eine Sicht in die Zukunft und birgt somit gewisse Unsicherheiten. Diese Risikofaktoren können, wenn sie nicht rechtzeitig erkannt und Gegenmaßnahmen eingeleitet werden, erheblich auf die Erreichung des Projektziels einwirken[50]. Mit Hilfe der Risikoanalyse sollen die Unsicherheitsfaktoren möglichst früh ermitteln werden. Die Risiken können u. a. technischer (z. B. Hardwareausfall), wirtschaftlicher (z. B. finanzielle Mittel) oder organisatorischer Natur (den Projektinhalt betreffend; z. B. das

47 Vgl. Steinbuch (1998), S. 148 f., Jenny (2001), 272 f.

48 Sind Abweichungen zwischen frühest möglichen und spähtest erlaubten Zeitpunkten. Pufferzeiten weisen auf Ausdehnungs- und Verschiebungsmöglichkeiten hin.

49 Vgl. Jenny (2001), 273.

50 Vgl. Westermann / Kraus (1998) S. 82 f.

Konzept) sein. Sind die Gefahren einmal bekannt, so kann dementsprechend geplant und gesteuert werden. Die Risiken sind zu definieren und zu gewichten. Anschließend werden entsprechende Maßnahmen definiert und terminiert. Eine Überwachung dieser Faktoren ist während der gesamten Projektlaufzeit notwendig[51].

Projektkontrolle

Sollwerte

Eine effektive Projektkontrolle[52] ist nur dann möglich, wenn im Rahmen der Projektplanung alle Schritte durchlaufen und somit sämtliche Sollwerte aufgestellt wurden. Die Sollwerte müssen realistisch und erreichbar sein.

regelmäßige Überwachung

Die Überwachung aller Projektbereiche erfolgt in regelmäßigen Zeitabständen und ist unerlässlich für die Erreichung der Projektziele. Hierdurch hat und behält der Projektleiter einen Überblick über sämtliche das Projekt betreffende Aktivitäten. Er hat die Möglichkeit, rechtzeitige Entscheidungen zu treffen bzw. im Rahmen der Projektsteuerung geeignete Maßnahmen zu ergreifen[53].

Zeitpunkt der Fehlererkennung

Der Zeitpunkt der Erkennung von Fehlern bzw. Problemen hat eine entscheidende Auswirkung auf den Umfang der einzuleitenden Korrekturen und damit auf die Kosten. Die folgende Darstellung zeigt auf, wie wichtig es ist, möglichst früh einen Fehler zu erkennen.

51 Vgl. Litke (1995), S. 154 ff.

52 Projektkontrollen werden in der Literatur auch als Audits oder Inspektionen bezeichnet.

53 Vgl. Litke (1995), S. 159 f.

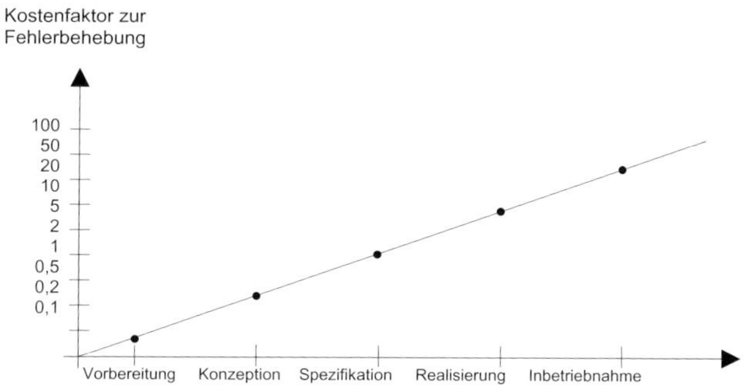

Abb. 26: Relative Kosten bei der Behebung von Fehlern[54]

frühe Erkennung von Missständen

Aus einer frühen Erkennung von Missständen resultieren nicht nur geringere Kosten, sondern eine einfachere Korrektur, weniger Zeitdruck und eine minimale Ausbreitung von Nebenwirkungen. Dies impliziert wiederum eine höhere Qualität der Ergebnisse.

Es ist also im Sinne des Projektleiters, dass die einzelnen Bereiche des Projektes regelmäßig und genau kontrolliert werden.

Vorgehen

Phasen der Projektkontrolle

Die Kontrolle wird vom Lenkungsausschuss, von Projektcontrollern oder externen Prüfungsinstanzen durchgeführt. Die Projektkontrolle beinhaltet drei Phasen[55]. Im ersten Schritt geht es um die Erfassung bzw. Ermittlung des Ist-Zustands. Die notwendigen Informationen können beispielsweise in Gesprächen mit den einzelnen Projektbeteiligten und durch die Teilnahme an Projektbesprechungen erhoben werden. Weitere Möglichkeiten sind die Einsicht in die schriftlichen Rückkopplungen der Mitarbeiter und

54 Vgl. Jenny (2001), S. 303.

55 Vgl. Steinbuch (1998), S. 253 ff., Boy / Dudek / Kuschel (1997), S. 87., Litke (1995), S. 159.

die im Laufe des Projektes erstellten Berichte. Die Berichte geben unter anderem Auskunft über Projektstand, Erfolge, Probleme, Ziele und Zwischenergebnisse.

Nachdem die erste Phase abgeschlossen ist, findet nun ein Soll-Ist-Vergleich statt. Im Rahmen dieser Gegenüberstellung sind folgende Ergebnisse möglich: *Soll –Ist-Vergleich*

- **Soll gleich Ist** = Keine weiteren Aktivitäten
- **Soll ungleich Ist**
    - **Soll > Ist** = Tritt dieser Fall ein, erfolgen meistens keine weiteren Steuerungsmaßnahmen, weil dadurch ein zusätzlicher Puffer für das Auftreten von Unstimmigkeiten im weiteren Projektverlauf aufgebaut wird.
    - **Soll < Ist** = Sind die Abweichungen nur minimal, so das der vorhandene Puffer diese abfangen kann, erfolgen keine Korrekturen. Andernfalls erfolgt der Übergang zum dritten Schritt. Hier finden Überlegungen über mögliche Konsequenzen statt und mit Hilfe der Projektsteuerung erfolgt die Einleitung von Gegenmaßnahmen.

Das Prinzip der Projektkontrolle in den Bereichen Termine, Kosten und Kapazitäten wird in der nachfolgenden Abbildung aufgezeigt.

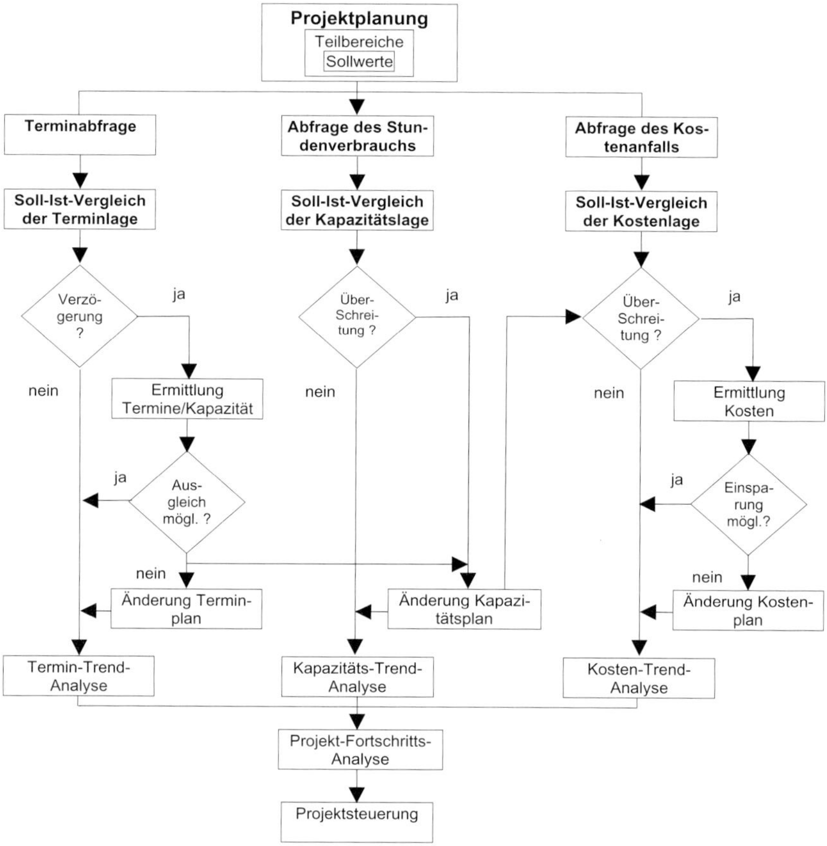

Abb. 27: Prinzip der Projektkontrolle[56]

Erläuterung: Die Kästchen "Ermittlung der Termine/Kapazität" und "Ermittlung Kosten" beinhalten einen weiteren Detaillierungsgrad der Datenerhebung und im ersten Fall zusätzlich einen Abgleich, ob die Terminabweichung durch einen Kapazitätsausgleich möglich ist. Innerhalb einer Trendanalyse findet eine Beurteilung (auf den aktuellen Stand aufsetzend) der Situation bis Ende des nächsten Meilensteins statt. Das heißt man stellt fest, ob

56 Vgl. Zielasek (1995), S. 179.

die Ziele der nächsten Phase wie geplant eingehalten werden können. Die Projekt-Fortschrittsanalyse gibt, nach den gegenwärtigen Erkenntnissen, jeweils einen aktuellen Gesamtstand wieder. Die Ergebnisse sind die Grundlage für die Projektsteuerung und fließen wiederum in die Projektplanung ein.

Bereiche

Die Durchführung von Projektkontrollen findet in den Hauptbereichen Planung und Realisierung statt. Die Abbildung zeigt die weitere Detaillierung:

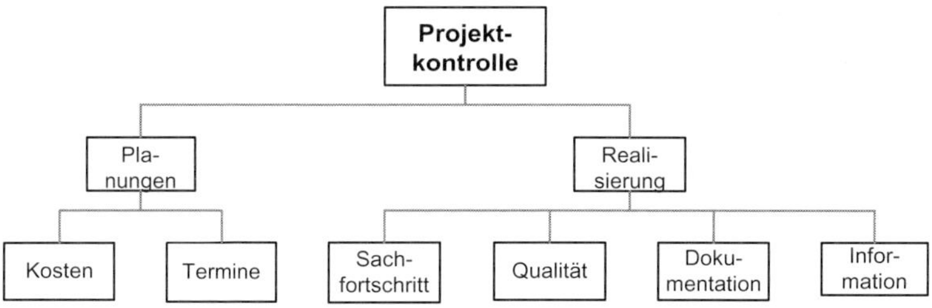

Abb. 28: Bereiche der Projektkontrolle[57]

Terminkontrolle

Im Bereich der Kostenkontrolle wird beispielsweise überprüft, ob eine Erfassung der Kosten erfolgt und diese entsprechend weiterverrechnet werden. Bezüglich der Termine wird das Vorhandensein eines effizienten, funktionsfähigen Rückmeldewesens sowie die Aktualität der Termine überprüft. In beiden Sparten findet ein Soll-Ist-Vergleich statt.

Sachfortschrittskontrolle

Die Sachfortschrittskontrolle umfasst den Stand des Ent-

57 Vgl. Jenny (2001), S. 306.

wicklungs- (anhand der gesetzten Ziele und Teilziele) und des Projektfortschritts (Fertigstellungsgrad = erbrachtes Arbeitsvolumen/gesamtes Arbeitsvolumen).

Im Rahmen der Qualitätsprüfung wird das jeweilige Ergebnis den festgelegten Anforderungen gegenübergestellt. Basis hierfür sind zum Beispiel das Sollkonzept, die Softwarespezifikation und die Benutzerdokumentation.

Dokumentationskontrolle

Die Dokumentation wird dahingehend kontrolliert, ob sie den firmeninternen Richtlinien entspricht und zudem vollständig, aktuell, richtig, konsistent und verständlich ist.

Informationskontrolle

Die Informationskontrolle impliziert die Überprüfung des Informationsflusses (z. B. Vorhandensein, Aktualität), der Berichtshäufigkeit und der Inhalte der Projektberichte[58].

Projektsteuerung

Die Projektsteuerung umfasst in erster Linie alle projektinternen Aktivitäten des Projektleiters, die notwendig sind, um das Projekt innerhalb der Planwerte abzuwickeln und erfolgreich durchzuführen[59].

Voraussetzungen

Für die Realisierung einer effizienten Projektsteuerung gibt es zwei grundsätzliche Voraussetzungen. Dazu gehören aktuelle, gut vorbereitete Planungsunterlagen bzw. Planungswerte und ein einwandfrei funktionierendes, permanent aktives Kontrollsystem. Die drei Hauptfunktionen des Projektmanagements, die Steuerung, Kontrolle und Planung, stehen wiederum sichtbar in einem

58 Vgl. Jenny (2001), S. 325 f., Litke (1995), S. 161 ff.

59 Vgl. Jenny (2001), S. 290., Boy / Dudek / Kuschel (1997), S. 87.

engen Zusammenhang.

Probleme in der Praxis

In der Praxis kommt es immer wieder zu Problemen, weil die genannten Voraussetzungen eben nicht gegeben sind. Es werden Termin- und Budgetabweichungen aufgrund des nicht Vorhandenseins eines geeigneten Werkzeuges zu spät erkannt. Des Weiteren ist ein Soll-Ist-Vergleich nicht durchführbar, weil Planungen nur unvollständig oder gar nicht gemacht werden[60].

Gründe für Abweichungen

Das Vorhandensein der Voraussetzungen ist aber keine Garantie für die Erreichung der Projektziele. Eine noch so detailliert und penibel aufgestellte Projektplanung ist mit Fehlern behaftet, da es sich hierbei grundsätzlich um einen Blick in die Zukunft handelt. Das bedeutet, das tatsächlich Eintretende kann nicht vorhergesagt werden. Die nicht kalkulierbaren Fehler führen zu Abweichungen zwischen dem geplanten und dem realen Projektverlauf[61]. Gründe hierfür sind beispielsweise zu wenig Personal, unvorhersehbare Änderungen sowie Fehler in der Arbeitsausführung.

permanenter Prozess

Die Projektsteuerung ist ein permanenter Prozess während der gesamten Projektlaufzeit. Ihre Hauptaufgabe ist es, alle notwendigen Maßnahmen einzuleiten, um die definierten Kosten-, Termin- und Leistungsziele zu erreichen. Weitere Schwerpunkte sind das Informations- und Berichtswesen, die Koordination von Projektaktivitäten und die Führung der Projektmitarbeiter. Das Prinzip der Projektsteuerung lässt sich wie folgt darstellen:

60 Vgl. Cerezo (5/1998), S. 52.
61 Vgl. Litke (1995), S. 167.

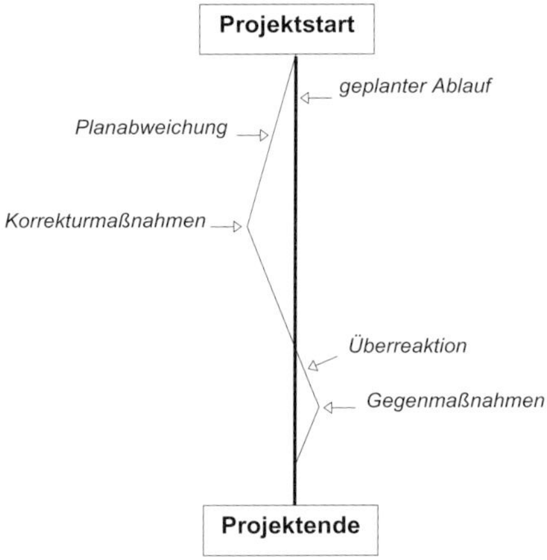

Abb. 29: Prinzip der Projektsteuerung[62]

Die Hauptverantwortung der Steuerung liegt beim Projektleiter, der im Laufe eines Projektes eine Vielzahl von Korrekturmaßnahmen vornehmen muss. Jedoch ist im Bereich der Integration des entwickelten Systems in das Gesamtsystem der Auftraggeber und bezüglich der einzelnen Arbeitspakete das jeweilige Teammitglied verantwortlich[63].

Koordination und Entscheidung

projektinterne o. projektübergreifende Arbeiten

Für die Koordination von Projektaktivitäten ist hauptsächlich der Projektleiter zuständig. Hierbei kann es sich um projektinterne oder projektübergreifende Arbeiten handeln. Der Zweck besteht darin, Doppelarbeiten zu verhindern und somit die Bearbeitungszeiten zu reduzieren. Eine Möglichkeit der Koordination ist die Durchführung von regelmäßigen Projektbesprechungen *(siehe Kapitel Organisation von Projekten/Aufbauorganisation)*.

62 Vgl. Zielasek (1995), S 167.

63 Vgl. Boy / Dudek / Kuschel (1997), S. 87.

Im Rahmen eines Projektes müssen unterschiedliche Entscheidungen getroffen werden. Je nach Art und Umfang des Inhalts sind daran Projektleiter, Auftraggeber und das Projektteam beteiligt. Die Vorteile von vielen Beteiligten an einer Entscheidung sind die bessere Qualität und die Motivation der Mitarbeiter, weil diese sich durch das Mitspracherecht mit dem Projekt identifizieren. Negativ zu beurteilen sind die lange Dauer von Entscheidungen und die Vielzahl der auftretenden Lösungen durch das unterschiedliche Hintergrundwissen der Mitarbeiter[64].

Der Projektleiter und der Auftraggeber müssen in der Lage sein, das Projekt zu stoppen sobald feststeht, dass das Projektziel unter keinen Umständen mehr zu erreichen ist. Dadurch wird das oft schon bestehende finanzielle Desaster reduziert und nicht unnötig das Engagement und die Leistung aller Projektbeteiligten verschwendet.

finanzielle Desaster

Informations- und Berichtswesen

Das Informations- bzw. Berichtswesen ist ein weiteres Aufgabengebiet der Projektsteuerung. Die Art und Weise, wie im Projektverlauf mit Informationen umgegangen wird und wer diese wann erhält, haben einen entscheidenden Einfluss auf den Projekterfolg.

Art u. Weise

In der Praxis wird dieser Teil der Projektsteuerung oft vernachlässigt. An diesem mangelhaften Zustand sind häufig alle Projektmitglieder (z. B. Auftraggeber, Projektleiter, Teammitglieder) beteiligt. Der Projektleiter gibt beispielsweise Gesprächsinhalte mit dem Auftraggeber nicht an das Team weiter und die einzelnen

64 Vgl. Rinza (1994), S. 28 ff.

Doppelarbeiten

Mitarbeiter informieren den Projektleiter nicht über erledigte Arbeiten. Diese Defizite führen zu unnötigen Doppelarbeiten, wodurch kostbare Zeit verschenkt wird und Projektkosten in die Höhe getrieben werden.

Attribute eines Informationssystems

Das Ziel eines Informationssystems ist die Bereitstellung des richtigen Informationsmaßes zur richtigen Zeit am richtigen Ort. Die wesentlichen Attribute eines Informationssystems sind somit Regelmäßigkeit, Vollständigkeit, Übersichtlichkeit und Einheitlichkeit[65]. Durch die Einhaltung dieser Grundsätze wird das Erreichen von Zielen unterstützt, vereinfacht und beschleunigt. Weitere Effekte sind, durch die allgemeine Zugänglichkeit, die schnellere Lösung von Problemen sowie die Motivation der Mitarbeiter, weil diese mit in das Projektgeschehen integriert werden.

Wer bekommt wann welche Informationen?

Zur effektiven Nutzung des Systems und Reduzierung des Arbeitsaufwandes auf ein Minimum ist am Anfang eines jeden Projektes festzulegen, wer wann welche Informationen bekommt und wie diese inhaltlich dargestellt werden. Dazu gehören u. a. das Anlegen von festen Verteilerkreisen und die Vorstrukturierung von Berichten (z. B. Status-, Zwischenbericht). Durch diese Vorarbeiten wird im Verlauf des Projektes kostbare Zeit gespart. Die zu verteilenden Projektinformationen sind mit Hilfe von möglichst vielen Grafiken und Tabellen darzustellen. Die visuell aufbereiteten Informationen können durch die Projektbeteiligten schneller aufgenommen und ausgewertet werden[66]

Maßnahmen

Sobald Abweichungen vom geplanten Ablauf transparent werden,

65 Vgl. Steinbuch (1998), S. 237., Westermann / Kraus (1998), S. 182 f.

66 Vgl. Rinza (1994) S. 108 ff.

Gegenmaßnahmen

müssen Gegenmaßnahmen eingeleitet werden. Dem Projektleiter stehen verschiedene Möglichkeiten[67] zur Verfügung. Hierzu gehören u. a.:

- Änderung der Produktionsfaktoren (z. B. Anordnung von Überstunden, Einsatz zusätzlicher Mitarbeiter, Vergabe von Leistungen an externe Firmen)
- Ausnutzung von Pufferzeiten
- Änderung der Planwerte (z. B. Optimierung durch die Parallelisierung von Vorgängen, Erhöhung der Projektkosten, Verschiebung des Abschlusstermins)

Welche Steuerungsmaßnahmen der Projektleiter aufgrund welcher Abweichungen ergreifen kann, lässt sich aus der folgenden Tabelle entnehmen:

Steuerung durch Abweichung von	Veränderung der Produktionsfaktoren	Ausnutzung der Pufferzeiten	Änderung der Planwerte
Leistung	✓	✓	✓
Termine	✓	✓	✓
Kosten			✓

Tab. 5: Steuerungsmöglichkeiten der Projektleitung

Auswirkungen von Korrekturen

Bevor jedoch irgendwelche Korrekturen durchgeführt werden, sollte sich der Projektleiter bewusst sein, welche Auswirkungen diese mit sich bringen. In der Regel haben Berichtigungen nicht nur den gewünschten, sondern auch einen Nebeneffekt. Wird zum Beispiel aus terminlichen Gründen ein Produktionsfaktor erhöht, bedeutet das gleichzeitig, dass die Projektkosten steigen

67 Vgl. Rinza (1994) S. 22 ff.

(siehe Kapitel Ziele und Zielkonflikte/Magisches Dreieck). Wenn die Terminüberschreitung mit einer Konventionalstrafe verbunden ist, hat der Projektleiter den direkten Vergleich, ob sich der Eingriff[68] lohnt.

68 Vgl. Rinza (1994) S. 23.

Kontrollfragen

1. Nennen und beschreiben Sie unterschiedliche Projektarten.
2. Nennen Sie die typischen Projektphasen und erläutern Sie die notwendigen Aufgaben darin.
3. Welche projektrelevanten Dokumente werden in den einzelnen Projektphasen erstellt?
4. Nennen Sie die Schritte, die am Anfang und am Ende einer jeden Phase durchgeführt werden müssen.
5. Nennen Sie die drei Managementphasen.
6. Welche Arten von Zielen können bei der Zielkonkretisierung unterschieden werden?
7. Erklären Sie Aufbau und Formen von Projektstrukturplänen.
8. Erklären Sie den Zusammenhang zwischen Projektstrukturplan und Netzplan.
9. Erläutern Sie die drei Schritte der Organisationsplanung.
10. Erklären Sie die Begriffe "Kritischer Pfad" und "Pufferzeit".
11. Nennen Sie typische Berichte für die Projektkontrolle.
12. Nennen Sie Bereiche der Projektkontrolle.
13. Nennen und erläutern Sie mögliche Maßnahmen bei Projektabweichungen.

Kontrollfragen

14. Nennen Sie drei verschiedene Projektinstanzen und beschreiben deren Aufgaben.
15. Nennen Sie drei unterschiedliche Projektorganisationen und nennen jeweils Vor- und Nachteile.

Methoden

Fragen, die dieses Kapitel beantwortet

- Welche phasenübergreifenden Methoden gibt es und wo setzt man sie ein?
- Welche phasenspezifischen Methoden gibt es und wofür werden sie eingesetzt?
- Welche Kreativitätsmethode ist wann und wie in einem Projekt anwendbar?

Phasenübergreifende Methoden

Netzplantechnik

VPN, EKN, VKN

Es existieren drei verschiedene Verfahren der Netzplantechnik. Dazu gehören der Vorgangspfeil- (VPN), der Ereignisknoten- (EKN) und der Vorgangsknotennetzplan (VKN)[69]. In der Praxis wird häufig der letztere angewandt.

Zur Erstellung eines Netzplans müssen folgende Schritte durchlaufen werden:

1. Erstellung eines Projektstrukturplans, Ableitung der Arbeitspakete und der Vorgänge
2. Aufstellen der Reihenfolge der Vorgänge
3. Ermittlung der jeweiligen Vorgänger und Nachfolger
4. Berechnung der Zeitdauer
5. Ermittlung des frühesten und spätesten Anfangs- bzw. Endtermins
6. Ermittlung der Pufferzeit und des kritischen Weges

Ein Beispiel für einen Vorgangsknotennetzplan sowie den Aufbau und Informationsgehalt eines einzelnen Vorgangs zeigt die folgende Abbildung:

69 Vgl. Schwarze (2001), S. 32 ff.

Vorgang

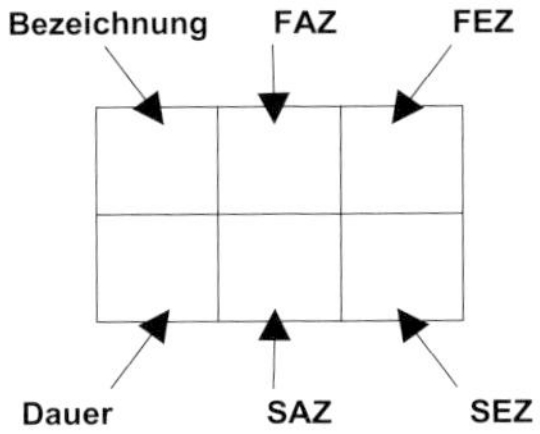

Legende

FAZ = frühester Anfangszeitpunkt
FEZ = frühester Endzeitpunkt
SAZ = spätester Anfangszeitpunkt
SEZ = spätester Endzeitpunkt

Quelle = Vorgang ohne Vorgänger
Senke = Vorgang ohne Nachfolger

Vorgangsliste

Vorgang	Nachfolger	Dauer
A	B, C, D	2
B	G	3
C	E	5
D	F, G	4
E	I	4
F	I	3
G	H, I	9
H	J	8
I	J	16
J	---	5

Netzplan

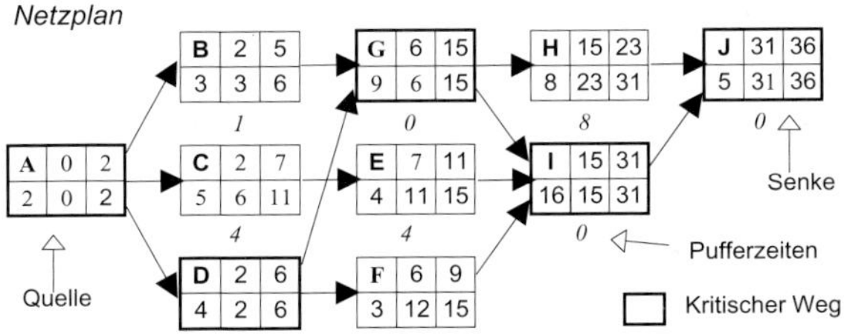

Abb. 30: Aufbau eines Vorgangs / Bsp. Netzplans[70]

Erläuterung:

Die Bezeichnung des Vorgangs wird in das obere linke Kästchen eingetragen. Oben in der Mitte wird der Anfangszeitpunkt, im ersten Vorgang = 0, eingetragen. Die Dauer des Vorganges A, im Beispiel zwei Tage, wird im linken unteren Kästchen eingetragen.

70 Vgl. Lock (1997), S. 157 ff.

Danach wird der „früheste Endzeitpunkt“, „früheste Anfangszeitpunkt“ plus Dauer berechnet. Der Wert wird in das obere rechte Kästchen eingetragen. Danach wird der berechnete „früheste Endzeitpunkt“ des Vorgangs A in alle Nachfolger in das Kästchen „frühester Anfangszeitpunkt“ übertragen. Mit der Übertragung der Dauer der verschiedenen Vorgänge, im Beispiel B, C und D, beginnt die Berechnung der jeweiligen frühesten Endzeitpunkte wie bereits beschrieben. Hat ein Vorgang mehrere Vorgänger, die unterschiedliche frühe Endzeitpunkte erhalten, so wird der höchste Wert von diesem in alle Nachfolger als „frühester Anfangszeitpunkt“ übertragen. Die Berechnung erfolgt auf der beschriebenen Art und Weise, bis der letzte Vorgang erreicht ist. Der letzte errechnete „früheste Endzeitpunkt“ enthält die Gesamtdauer. Zur Kontrolle erfolgt nun eine Rückrechnung. Der letzte errechnete „früheste Endzeitpunkt“ des letzten Vorganges wird in das rechte untere Kästchen „spätester Endzeitpunkt“ übertragen. „Spätester Endzeitpunkt“ minus der Dauer ist gleich der „späteste Anfangszeitpunkt“. Hat ein Vorgang mehrere Vorgänger, so wird der niedrigste Wert in das Kästchen „spätester Endzeitpunkt“ aller Vorgänger übertragen. Diese Berechnung erfolgt, bis der erste Vorgang erreicht ist. Ist die Berechnung korrekt, so muss der früheste Endzeitpunkt des ersten Vorganges = 0 sein.

Gantt–Diagramm / Balkenplan

Der Balkenplan basiert auf einem zweidimensionalen Koordinatensystem. Das bedeutet die Informationen werden auf der Ordinate (Y) und der Abszisse (X) vermerkt. Auf der Y-Achse können zum Beispiel Sachmittel (Belegungsplan), Mitarbeiter (Einsatzplan) oder Aufgaben (Tätigkeitsplan) eingetragen werden. Die X-

Achse ist die Zeitachse. Die Abhängigkeiten der Vorgänge sind ebenfalls durch Pfeile darstellbar.

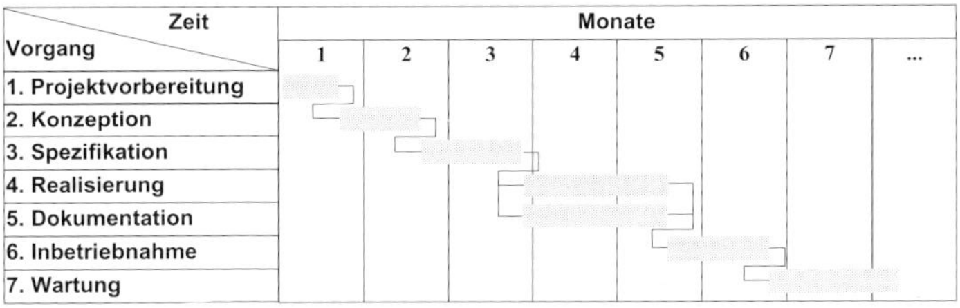

Abb. 31: Einfaches Balkendiagramm zur Phasenplanung[71]

Checklistenmethode

Checklisten sollen die Vorbereitung von Projekten sowie die Diagnose von Problemen innerhalb von Projekten unterstützen. Sie stellen die Vollständigkeit von relevanten Ausprägungen definierter Kriterien sicher. Durch das Aufdecken von Abweichungen von gewünschten Zuständen oder Funktionen werden dem Projektmanagement frühzeitige Eingriffsmöglichkeiten gegeben. Checklisten sind lediglich eine Unterstützung für das Projektmanagement. Sie zeigen meist nur Symptome für Risiken und Schwierigkeiten auf, so dass danach meist genauer analysiert werden muss.[72]

Symptome für Risiken und Schwierigkeiten

Checklisten können tabellarisch aufgebaut sein. In den Spalten stehen die abzuprüfenden Kriterien sowie eine nominale Urteilskategorie (z. B. ja, nein, erfüllt, teilweise erfüllt). Sie geben normalerweise keine Messvorschriften wieder. Durch diesen Aufbau wird der Sollzustand dargestellt. Die inhaltliche Qualität hängt

71 Vgl. Lock, (1997), S. 138 f.

72 Vgl. Heinrich / Lehner (2005), S. 471.

sehr stark von der Tiefe der Fragestellungen und der Erfahrung der Checklisten-Autoren ab.

Abb. 32: Checkliste – Effiziente Besprechungen

Effiziente Besprechungen		
Vorbereitung	1. Teilnehmer einladen	☐
	2. Datum, Zeit, Ort und Dauer festlegen	☐
	3. Art der Besprechung festlegen	☐
	4. Grund bekannt geben	☐
	5. Hilfsmittel besorgen	☐
	6. Agenda aufstellen	☐
	7. Verpflegung organisieren	☐
Während der Besprechung	1. Pünktlich sein	☐
	2. Redezeiten vergeben	☐
	3. Inhalt steuern	☐
	4. Protokoll erstellen	☐
	5. Ergebnisse der Besprechung revidieren	☐
	6. Rollen verteilen	☐
Nachbereitung	1. Protokoll anfertigen	☐
	2. Informationen verteilen	☐

Abb. 33: Checkliste – Auszug Besprechungsvorbereitung

Checklisten können allgemeinen oder speziellen Charakter haben. Allgemeine Checklisten werden in Projekten normalerweise für folgende Aktivitäten eingesetzt:

- strukturierter Projektstart
- vollständiger Phasenabschluss
- Durchführung von Meetings
- Risikoanalyse
- Dokumentationsqualität
- ...

Darüber hinaus können Checklisten für fachspezifische Zwecke zum Einsatz kommen. Hier werden dann problem- oder branchenspezifische Überprüfungen durchgeführt (z. B. Bauprojekte, Marketingprojekte, IT-Projekte).

Vollständigkeit und Validität

aus Fehlern lernen

Die Arbeit mit der Checklistenmethode erfordert eine kontinuierliche Verbesserung aller verwendeten Checklisten. So sollten phasenspezifische Checklisten in Projekten beispielsweise regelmäßig nach Abschluss einer Phase auf Vollständigkeit und Validität untersucht werden. Sofern diese regelmäßigen Verbesserungen tatsächlich durchgeführt werden, können Projektorganisationen quasi aus den Fehlern vergangener Projekte lernen und somit zu nachhaltigen Optimierungen der Projektorganisation beitragen.

Phasenspezifische Methoden

Wirtschaftlichkeitsanalyse

Die Wirtschaftlichkeitsanalyse von Projekten dient dazu, vor, während oder nach der Durchführung eines Projektes dieses unter dem Ziel der Wirtschaftlichkeit zu beurteilen. Außerdem können Wirtschaftlichkeitsanalysen innerhalb von Projekten auch zur Analyse von Entscheidungsalternativen herangezogen werden.

Es gibt verschiedene betriebswirtschaftliche Blickwinkel auf die Wirtschaftlichkeit. Hierzu werden Kosten und Nutzen mit Hilfe spezieller Methoden gegenübergestellt und es wird von Wirtschaftlichkeit gesprochen, wenn der Nutzen die Kosten eines Projektes übersteigt. Dabei wird normalerweise versucht, den Nutzen möglichst in monetären Einheiten zu quantifizieren. Die Faktoren der Wirtschaftlichkeit sind vielfältig und sollten möglichst umfassend und entscheidungsrelevant berücksichtigt werden.

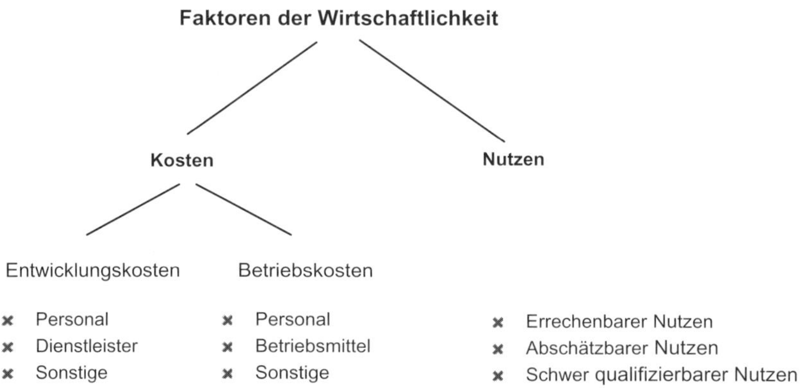

Abb. 34: Faktoren der Wirtschaftlichkeit[73]

73 Heinrich / Lehner (2005), S. 369 ff.

Während für die Ermittlung der Kosten die üblichen Kostenarten wie Personal, Betriebsmittel oder Dienstleistungen herangezogen werden, wozu zumindest Schätzungen oder Erfahrungen in den meisten Projekten mit überschaubarem Aufwand erstellt werden können, stellt sich die Erhebung des Nutzens oft als schwieriger heraus. Hier müssen nicht selten Annahmen zum Markt oder zu anderen Umfeldfaktoren herangezogen werden, die keineswegs zuverlässig sind. Allerdings ist die Betrachtung des Nutzens nicht für jeden Projektauftrag notwendig. Es gibt viele Projekte, bei denen eine A-Priori-Entscheidung bereits die Nutzenbetrachtung überflüssig macht. Dann muss im Projektmanagement lediglich die Kostendimension betrachtet bzw. eingehalten werden (neben den anderen beiden wichtigen Faktoren Zeit und Qualität).

Kosten

Nutzen

In Theorie und Praxis wird heute eine Reihe von Methoden der Wirtschaftlichkeitsrechnung eingesetzt. Hierzu zählen insbesondere die Verfahren der Nutzwertanalyse und die Investitionsrechnung.

Nutzwertanalyse

Die Nutzwertanalyse zählt zu den Methoden der mehrdimensionalen Entscheidungsfindung (Multiple Criteria Decision Making). Im englischsprachigen Raum wird auch von Scoring-Modellen gesprochen. Sie zielt auf die Auswahl einer Alternative vor dem Hintergrund mehrerer, auch nicht-monetärer Entscheidungskriterien.

Scoring-Modelle

Beispiel

Für eine Projektorganisation soll mit der Hilfe der Nutzwertanalyse aus zwei Alternativen ein Projektmanagement-Tool ausgewählt werden.

Die Nutzwertanalyse wird in den folgenden Schritten durchgeführt.

1. Festlegen des Zielsystems

Mit dem Zielsystem wird die Präferenzordnung des Entscheiders abgebildet. Hierbei werden zunächst alle Einzelkriterien zu einem hierarchischen Zielsystem zusammengefasst. Dabei ist darauf zu achten, dass die Erfüllung der Ziele messbar ist und Zielüberschreitungen vermieden werden.

Software

A. Kosten	**B. Schnittstellen**	**C. Unterstützung**	**D. Wartung**
1. Anschaffung	1. XML	1.Vorort	1. Service Center
2. Lizenzen	2. ODBC	2. 24 h à 7 Tage	2. Vertragsbindung
3. Customizing		3. SLA	

Abb. 35: Festlegen des Zielsystems

2. Gewichten des Zielsystems

Da für den Entscheider normalerweise nicht alle Kriterien die gleiche Bedeutung besitzen, werde diese gewichtet. Erst so entsteht eine individuelle Präferenzordnung. Hierzu gibt es üblicherweise verschiedene mögliche Vorgehensweisen. Eine geht davon aus, dass die optimale Zielerreichung mit 100 % angegeben wird. Diese 100 % werden dann auf die einzelnen Stufen des Zielsystems verteilt, so dass jedes einzelne Kriterium dann am Ende ein individuelles Gewicht bekommt.

Software

A. 50 %	**B. 10 %**	**C. 20 %**	**D. 20 %**
1. 25 %	1. 5 %	1. 8 %	1. 14 %
2. 20 %	2. 5 %	2. 10 %	2. 6 %
3. 5 %		3. 2 %	

Abb. 36: Gewichtung des Zielsystems

3. Ermittlung der Zielerträge

Im zweiten Schritt werden je Alternative die Zielerträge ermittelt. Hierbei wird lediglich beschrieben, inwieweit jede Alternative bei jedem zuvor aufgestellten Kriterium den optimalen Zustand erreicht.

Beispiel

Die Anschaffungskosten betrugen bei **Alternative A** 18.750 Euro und bei **Alternative B** 55.000 Euro.

4. Skalieren der Zielerträge

In diesem Schritt wird die Zielerreichung jedes einzelnen Kriteriums auf eine Skala transformiert. Hierbei müssen zunächst Richtung und Breite der Skala festgelegt werden. Hinsichtlich der Richtung können mit dem Nutzen aufsteigende und absteigende Skalen unterschieden werden. Das Schulnotensystem ist beispielsweise eine mit dem Nutzen absteigende Skala (beste Note ist 1). Hinsichtlich der Breite wird die Feinheit der Beurteilung un-

Schulnotensystem

terschieden (beim Schulnotensystem beispielsweise in 6 Stufen). Bei der Wahl der Skala sollte auf eine pragmatische Durchführbarkeit geachtet werden. So führen beispielsweise sehr breite Skalen oft zu einer Scheingenauigkeit, die dann auch noch mit Diskussionen um die Zuordnung eines Zielerreichungsgrades zu einer Stufe verbunden ist. Üblich sind Punktesysteme mit 3- bis 6-stufiger Einteilung.

Weiterhin müssen dann je Kriterien Transformationsregeln vom Erfüllungsgrad in das Punkteschema erfolgen. Hierbei sind nomnale, ordinale und kardinale Skalen in das entsprechende Punktesystem zu transferieren.

Punkte	**Anschaffungskosten**		
1	50.000 - 100.000		Schema für jedes Kriterium aufstellen A1 – D2
2	20.000 - 49.999		
3	0 - 19.999		

Abb. 37: Ermittlung und Skalierung der Zielerträge

5. Errechnen des Nutzwertes je Alternative

In diesem Schritt werden zunächst die individuellen Nutzwerte je Alternative und Kriterium ermittelt, indem jeder Zielertrag mit dem Gewicht des Kriteriums multipliziert und dann die Summe aller individuellen Gewichte je Alternative gebildet wird. So entsteht der Nutzwert je Alternative. Sofern in Schritt 4 eine mit dem Nutzen steigende Skalierung gewählt wurde, ist diejenige Alternative die beste, die den höchsten Nutzwert bekommt.

Alternative 1

A. % Punkte	B. % Punkte	C. % Punkte	D. % Punkte
1. 25 3	1. 5 3	1. 8 2	1. 14 1
2. 20 3	2. 5 3	2. 10 2	2. 6 3
3. 5 2		3. 2 2	
Σ 1,45	Σ 0,30	Σ 0,40	Σ 0,32

Gesamt = 2,47

Alternative 2

A. % Punkte	B. % Punkte	C. % Punkte	D. % Punkte
1. 25 2	1. 5 1	1. 8 1	1. 14 1
2. 20 3	2. 5 1	2. 10 1	2. 6 3
3. 5 2		3. 2 2	
Σ 1,20	Σ 0,10	Σ 0,22	Σ 0,32

Gesamt = 1,84

Abb. 38: Errechnung des Nutzgrades

Ergebnis: Aufgrund des höheren Nutzwertes wird Alternative 1 ausgewählt.

6. Sensitivitätsanalyse

Im Rahmen der Sensitivitätsanalyse wird untersucht, wie das Gesamtergebnis variiert, wenn die Gewichtung des Zielsystems verändert wird, also quasi die Anforderungen an die Alternative modifiziert werden. Dieser Schritt ist meist sinnvoll, wenn sehr knappe Ergebnisse herauskommen.

Kritik

Der Nutzwertanalyse wird oft entgegengehalten, dass sie ein relativ aufwendiges Verfahren ist und Wissenschaftlichkeit vorspiegelt, obwohl alles sehr subjektiv ist. Tatsächlich wird im Rahmen der Durchführung des Verfahrens eine Reihe von subjektiven Entscheidungen getroffen (z. B. Wahl und Gewichtung der Alternativen, Skalierung), jedoch ist es genau die Stärke der Nutzwertanalyse, dass sie jeden einzelnen Schritt offen legt und somit Raum für eine kritische Diskussion besteht. Insofern ist die Nutzwertanalyse gleichzeitig Verfahren der Wirtschaftlichkeitsrechnung wie Kommunikationsinstrument bei komplexen Entscheidungssituationen.

subjektive Entscheidungen

Methoden der Investitionsrechnung

Es werden statische und dynamische Verfahren unterschieden. Während statische Verfahren nur eine Entscheidungsperiode betrachten, berücksichtigen die dynamischen Verfahren den unterschiedlichen Wert monetärer Größen zu unterschiedlichen Zeitpunkten und damit mehrperiodige bzw. Lebenszyklus-Betrachtungen.

Die den Zeitfaktor nicht berücksichtigenden statischen Verfahren arbeiten normalerweise mit Kosten-, Gewinn- und Rentabilitätsvergleichen. Konkrete Methoden sind:

Methode	Vorgehen
Kostenvergleichsrechnung	Für die betrachteten Alternativen werden für einen definierten Zeitraum alle anfallenden Kosten gegenübergestellt. Es wird die Alternative als vorteilhaft ausgewählt, die die niedrigsten Kosten verursacht.
Gewinnvergleichsrechnung	Für die betrachteten Alternativen werden Erlöse und Kosten gegenübergestellt. Es wird die Alternative als vorteilhaft ausgewählt, die den höchsten Gewinn erzielt.
Amortisationsrechnung	Für die betrachteten Alternativen werden Kosten und Erlöse angeschaut. Es wird die Alternative als vorteilhaft ausgewählt, bei der als erste die aufsummierten Kosten durch Erlöse gedeckt werden (Amortisationszeitpunkt).

Tab. 6: Statische Verfahren

Bei den dynamischen Verfahren wird der Wert der Zahlungsströme zu unterschiedlichen Zeitpunkten durch Ansatz von Zinsen berücksichtigt.

Methode	Vorgehen
Kapitalwertmethode	Für die betrachteten Alternativen wird ein Kapitalwert aus Ein- und Auszahlungen durch Abzinsung auf die erste oder Aufzinsung auf die letzte Periode ermittelt. Die Alternative mit dem höheren Kapitalwert wird als vorteilhaft ausgewählt.
Methode des internen Zinsfusses	Für die betrachteten Alternativen wird aus Ein- und Auszahlungen ein durchschnittlicher Zinsfuß über den Betrachtungszeitraum ermittelt. Die Alternative mit dem höheren Zinsfuß wird als vorteilhaft ausgewählt.
Annuitätenmethode	Für die betrachteten Alternativen wird ein durchschnittlicher Betrag pro Periode aus Ein-, Auszahlungen und Zinsen ermittelt. Die Alternative mit der höheren Annuität wird als die vorteilhaftere ausgewählt.

Tab. 7: Dynamische Verfahren

Kreativitätstechniken

Der Erfolg von Projekten lebt von einer guten Information und Kommunikation. Immer wieder gilt es, intern und extern über wesentliche Zwischenergebnisse zu informieren, mit anderen über das weitere Vorgehen zu beraten und Konflikte zu lösen. Zur erfolgreichen Gestaltung dieser Prozesse jenseits der „harten Projektmanagement-Werkzeuge“ werden im Folgenden einige Methoden und Techniken aufgeführt. Dabei handelt es sich nicht um eine vollständige Darstellung, sondern eher um eine Auswahl erfolgreicher Methoden und Werkzeuge, die Kommunikation in Projekten, auch in schwierigen Situationen, erfolgreich optimieren können.

Mindmapping

Mindmapping ist eine Arbeitsmethode der hierarchischen Strukturierung, die eine übersichtliche und gleichzeitig flexible Strukturierung von Inhalten ermöglicht (vgl. nachfolgendes Beispiel). Das Prinzip ist ganz einfach. Das Thema kommt in die Mitte. Nun können inhaltliche Aspekte als Äste hinzugefügt und in Form von Unterästen weiter untergliedert werden. Eine MindMap zeigt das Ergebnis eigener Überlegungen oder eines gemeinsamen Diskussionsprozesses übersichtlich in Form eines Bildes. Neue Gedanken können als „Unter-Äste“ eingefügt werden.

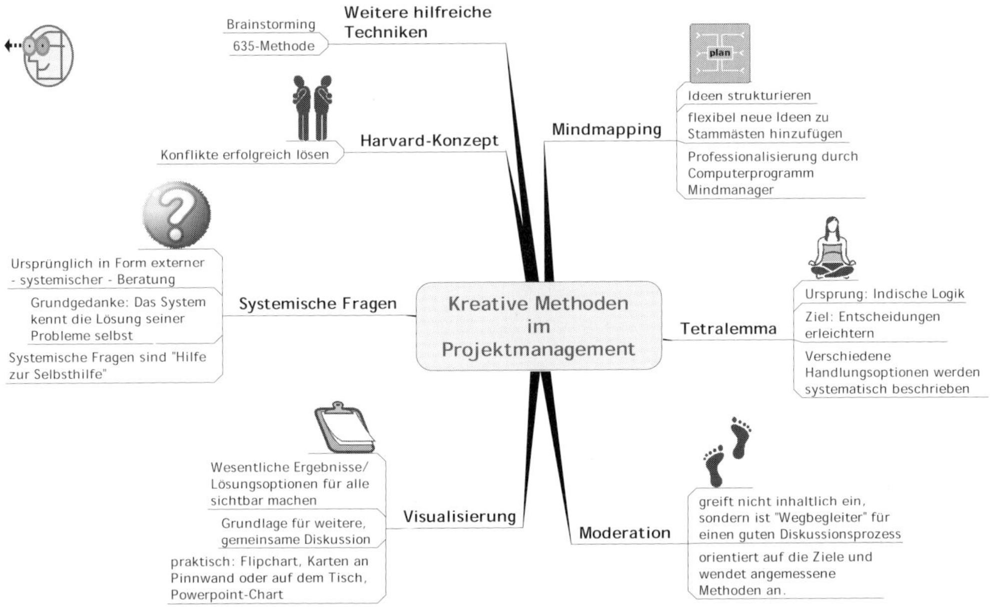

Abb. 39: Kreative Methoden im Projektmanagement

Es kann sich um eine spontane, unsortierte Sammlung von Ideen, z. B. als Ergebnis eines Brainstormings *(siehe Kapitel Methoden / Kreativitätstechniken / Brainstorming),* handeln oder auch um eine konkrete Struktur, die gleichzeitig erarbeitet wurde. Eine Mindmap wird üblicherweise im Uhrzeigersinn gelesen.

Ein weiterer Vorteil des Mindmappings ist, dass es insgesamt stärker die visuelle Wahrnehmung des Menschen anspricht. Die bildhafte Übersicht erleichtert den Transport von Informationen und gibt schnell einem Überblick über die wesentlichen Informationen. Unterstützt werden kann dies durch zusätzliche Symbole *(siehe Kapitel Softwarewerkzeuge/Methodenbasierte Werkzeuge/Mindmanager)*

Brainstorming

Ideen oder Lösungsmöglichkeiten

Das Brainstorming wurde 1953 von Alex F. Osborn in den USA entwickelt. Ziel ist es, zu einem Thema Ideen oder Lösungsmöglichkeiten zu finden.

freie Assoziation

Die Methode beruht auf dem Prinzip der freien Assoziation in der Gruppe. Wichtig ist, dass alle Einfälle erlaubt sind, festgehalten werden und dass in der Brainstormingphase keine Kritik erlaubt ist.

Möglichkeiten der Durchführung

Für die praktische Durchführung gibt es mehrere Möglichkeiten. Entweder werden die Ideen einfach in den Raum gerufen und vom Gesprächsleiter festgehalten, z. B. für alle sichtbar auf einem Flipchart. Dies erleichtert dann auch das „Weiterspinnen" von Ideen. Eine weitere Möglichkeit ist, dass die Teilnehmer zunächst in einer ruhigeren Phase ihre eigenen Ideen auf Kärtchen schreiben. Diese werden dann nach und nach aufgehängt. Auf dieser Basis können Ideen ebenfalls „weitergesponnen" oder Assoziationen geweckt werden.

1. und 2. Phase

Eines ist beim Brainstorming sehr wichtig: Es gibt eine erste und zweite Phase. Die erste Phase zeichnet sich in der Regel, nach einer kleinen Anschubphase, durch sehr viele verschiedene Ideen aus. Danach kommt in der Regel eine kleine Flaute. Diese sollte unbedingt ausgehalten werden, denn danach folgt eine zweite, meist sehr produktive Phase, in der die Anwesenden die bisherigen Ideen aufmerksam durchlesen, noch einmal in Ruhe auf sich wirken lassen und auf dieser Basis häufig auch schon umsetzbare Ideen entwickeln.

Methode 635

Brainwriting

Die Methode 635 ist eine Form des Brainstormings. Sie wird in der Gruppe schriftlich durchgeführt (Brainwriting). Im Gegensatz zum „reinen Brainstorming“ zeichnet sie sich durch einen strukturierten Ablauf aus. Sie zielt hauptsächlich darauf, dass die Ideen der Teilnehmerinnen und Teilnehmer gegenseitig aufgegriffen und dadurch weiterentwickelt werden.

Das Prinzip

1. Jeder der Teilnehmer erhält ein 635-Formular.
2. Das Problem bzw. die Fragestellung wird vom Leiter / Moderator vorgestellt oder gemeinsam in der Gruppe festgelegt.
3. Jeder der **6** Teilnehmer trägt **3** Ideen in die oberste Zeile seines Blattes ein. Zur Erledigung dieser Aufgaben sind ca. **5** Minuten Zeit (6 – 3 – 5).
4. Auf ein Zeichen wird das 635-Formular an den rechten Tischnachbarn weitergegeben.
5. Jeder Teilnehmer hat nun das Blatt seines linken Tischnachbarn vor sich, auf dem in den ersten Zeilen optimalerweise 3 Ideen notiert sind. In dieser Runde können nun wieder 3 Ideen eingetragen werden. Sie können die Vorgängerideen ergänzen oder variieren, dürfen aber auch vollständig andere, neue Ideen sein. Dafür stehen wieder 5 Minuten zur Verfügung.
6. Danach werden die Formulare wieder in der gleichen Richtung weitergereicht, bis die sechste und letzte Zeile des 635-Formulars ausgefüllt ist.

Bei der Durchführung ist folgendes zu beachten. Zunächst können natürlich auch mehr Teilnehmer mitmachen. Variiert auch die

7 – 2 – 10. Anzahl der Ideen, heißt die Methode dann entsprechend z. B. 7 – 2 – 10. Wichtig ist, dass nicht immer 3 Ideen gefunden werden müssen. Findet ein Teilnehmer z. B. eine Idee seines Vorgängers besonders gut, kann er diese auch nur weiterentwickeln.

Etwas schwierig wird es bei der Auswertung, vor allem bei einer gemeinsamen Auswertung. Die Ideen sind zunächst nicht für alle sichtbar. Die Ideen werden im gemeinsamen Gespräch ausgewertet. Jeder berichtet, welche Ideen er oder sie besonders gut fand. Eine andere Möglichkeit ist, dass die Ideen von ein bis zwei Personen für eine gemeinsame Auswertungssitzung aufbereitet werden.

Arbeitstechniken

Moderation

externer Dritter

Seit Jahren ist sie in vielen Unternehmen praktizierte Realität. Die methodische Unterstützung von Sitzungen durch einen (externen) Dritten, sprich eines Moderators. Er oder sie sorgt für einen optimalen Diskussionsprozess im Team und wendet dafür geeignete Methoden an.

Der Grundgedanke ist folgender: Je weiter die Teammitglieder inhaltlich in einem Thema oder in einem Problem stecken, desto schwieriger ist es für sie, gleichzeitig einen guten Lösungsprozess zu gestalten. Das Problem ist dabei nicht unbedingt fehlender Wille oder fehlendes Know-how, sondern die nötige Rollendifferenzierung. Jemand, der für ein Thema verantwortlich ist und sich dafür einsetzt, bekommt häufig nicht die Akzeptanz der Gruppe, um für einen guten Diskussionsprozess zu sorgen. Die braucht er aber, um als Moderator agieren zu können.

Wesentliche Unterschiede zur herkömmlichen Sitzungsleitung sind:

Sitzungen leiten	Sitzungen moderieren
× Inhaltlich beteiligt	× Inhaltlich unparteiisch
× Konzentration auf Inhalt	× Konzentration auf Methoden und Verfahrensauswahl
× eigenen Willen durchsetzen	× Unterstützung Willensbildungsprozess der Gruppe
× Arbeitsziele vorgeben	× Förderung Gruppen bei Zielerarbeitung
× Störungen vermeiden, ignorieren, tadeln	× Spiegelung Geschehen und methodische Hilfen für Weiterarbeit
× eigene ungeschriebene Regeln	× Regeln vereinbaren
× Delegation Protokollierung	× Visualisierung Ergebnisse
× Hierarchisch höhergestellt	× Methodische Verantwortung

Tab. 8: Sitzungen leiten / moderieren

In Berufsalltag braucht man nicht für jede Sitzung einen Moderator. Die Moderationsrolle kann bei normalen Besprechungen auch durch ein Teammitglied abgedeckt werden. Die Frage, die sich in der Praxis häufig stellt ist, ob der Projektleiter diese Rolle übernehmen muss oder ein Teammitglied sie übernehmen kann. Vor Beantwortung dieser Frage müssen einige Eckpfeiler geklärt werden. *Eckpfeiler*

Was sind die Ziele der Sitzung, was soll das Ergebnis sein? An welcher Stelle könnte es kritisch werden? Mit welchen Methoden soll in diesem Rahmen ein optimales Ergebnis erzielt werden?

Wenn der Projektleiter im Rahmen einer Sitzung, z. B. beim Projektstart, eine starke inhaltliche Rolle hat, sollte er nicht moderieren. In anderen Sitzungen kann er aber sehr wohl auch eine Moderationsrolle wahrnehmen.

Eines ist für die methodische Ausgestaltung einer Moderation besonders wichtig: Keine Methode ist Selbstzweck. Sie soll einen optimalen Diskussionsprozess ermöglichen. Das bedeutet, dass manchmal weniger mehr ist. In einigen Unternehmen hat sich wegen schlechter Erfahrungen bereits eine generelle Abwehr gegen „bunte Karten“ und Flipcharts eingestellt.

Beispiel für eine angemessene Moderation

In einer Projektsitzung stehen zwei Optionen zur Diskussion. Hier könnte es sinnvoll sein, die Vor- und Nachteile gemeinsam zu sammeln und auf Karten oder Flipcharts zu visualisieren, um eine anschließende Entscheidung zu erleichtern.

Soll hingegen in einer Sitzung um Verständnis für eine bestimmte Vorgehensweise geworben werden, ist die Visualisierung nicht so wesentlich. Hier geht es eher darum, möglichst viele Teammitglieder durch Fragen einzubeziehen, z. B. indem man sie nach Vorteilen dieser Vorgehensweise befragt, aber auch Bedenken ernst nimmt und bespricht.

Geht es um eine „Verkündung“ mit wenig Gestaltungsspielraum, bietet sich eine vorbereitete Visualisierung in Form wesentlicher Fakten an. Dies ist dann nicht Aufgabe des Moderators, sondern des Vortragenden, z. B. des Projektleiters. Der Moderator könnte dann im Rahmen einer Diskussion wesentliche Anmerkungen der Teammitglieder auf Flipchart festhalten.

Visualisierung

Ergebnisse, die nicht schriftlich festgehalten werden, sind keine Ergebnisse! Diese etwas provokative Äußerung zielt auf eine mögliche Schwachstelle, die in Projekten einen erheblichen Mehraufwand und vielfältige Probleme zur Folge haben kann.

Der schriftliche Transport von wesentlichen Informationen ist an zentralen Stellen im Projektmanagement formalisiert. So gibt es beispielsweise einen Projektauftrag, der die wesentlichen Rahmenbedingungen und Eckpfeiler für ein Projekt *(siehe Anhang/Projektauftrag)* formuliert. Zwischen- oder Endberichte gewährleisten den Informationstransfer zum Stand der Dinge und zu (Zwischen-) Ergebnissen.

Aber auch im kleineren Rahmen gibt es Instrumente zum Transport von Informationen und Diskussionsergebnissen wie z. B. Sitzungsprotokolle *(siehe Anhang/Besprechungsprotokolle)*. Bei vielen Sitzungen oder Teambesprechungen reichen diese nicht aus, z. B. bei schwierigen Besprechungen, in denen mehrere Handlungsoptionen zur Entscheidung stehen, oder in unmotivierten Teams, wo keiner eine Aufgabe gerne übernehmen möchte. Hier geht es darum, den Stand der Dinge für alle sichtbar zu machen, um handlungsfähig zu bleiben oder zu werden.

Unmittelbarkeit, Klarheit und eine gute Struktur

Bei einer guten Visualisierung kommt es auf Unmittelbarkeit, Klarheit und eine gute Struktur an. Für das erste genannte Beispiel könnte eine Visualisierung folgendermaßen aussehen: In einem ersten Schritt werden die wesentlichen Handlungsoptionen gesammelt und in einem 2. Schritt Vor- und Nachteile beschrieben. Für das zweite Beispiel bietet sich ein Arbeitplan an (Wer macht was bis wann?). Das allerdings nur, wenn das Ziel der Sitzung die Zuordnung von Verantwortlichkeiten mit Terminziel ist.

Sollen die Befindlichkeiten im Team geklärt werden, kann auf eine solche Visualisierung verzichtet werden.

Für die Visualisierung stehen verschiedene praktische Arbeitsmittel zur Verfügung. Für eine flexible, dynamische Diskussion sind Metaplankarten in unterschiedlichster Größe gut geeignet. Ideen können im Diskussionsprozess sortiert, verändert, ergänzt, gestrichen werden. Ein Flipchart eignet sich jedoch ebenfalls zum Sammeln und Beschreiben von Ideen, ist dabei aber etwas unflexibler. Der Vorteil ist, dass man sich bei der Visualisierung nicht auf wenige Worte beschränken muss, sondern ganze Sätze formulieren kann. Es eignet sich sehr gut zum Festhalten abschließender Folgerungen oder für das Festhalten von Aufgaben, Terminen und Verantwortlichkeiten in einem Arbeitsplan.

Vorteile

Systemische Fragen

Das systemische Denken findet heute in vielen Beratungsprozessen seine Anwendung. Kerngedanke dieser Denkweise ist, dass bei der Lösung von Problemen das „ganze System" einschließlich seiner Beziehungen untereinander betrachtet werden muss. Entscheidend ist die Abkehr von einem linearen Ursache-Wirkungsdenken (aus A folgt B) hin zu einem zirkulären Modell, nach dem die Wirklichkeit eines Individuums untrennbar mit seinem Kontext verbunden ist. Das System, das betrachtet wird, kann ein Unternehmen, eine Abteilung oder ein Projektteam sein.

ganzheitliche Systembetrachtung

Der Grundgedanke der systemischen Beratung ist, dass ein System seine Probleme selbst lösen kann und sollte. Der externe Berater ist nur Begleiter dieses Prozesses und gibt wichtige Denkanstöße. Ein Herzstück der systemischen Beratung sind die sys-

Probleme selbst lösen

temischen Fragen. Sie wollen nicht eine schnelle Lösung herbeiführen, sondern helfen, Zusammenhänge aufzuzeigen, Unklarheiten zu beseitigen und kreative Lösungen zu entwickeln. Sie helfen, indem sie die Wahrnehmungs- und Beschreibungsfähigkeit der Betroffenen erweitern und damit neue Blickwinkel ermöglichen.

Systemische Fragen

In Projektteams können systemische Fragen auch in Eigenregie, ohne externen Berater, zur Hilfe genommen werden, um ins Stocken geratene Prozesse neu anzuregen. Systemische Fragen bieten dabei zum einen Hilfe bei der Analyse der Situation (Fragen zur Wahrnehmung und zum Kontext), sie können jedoch auch nach vorne gerichtet wieder Mut und Zuversicht durch die Einnahme eines neuen Blickwinkels bewirken (Hypothetische und lösungsorientierte Fragen).

Fragen zur Wahrnehmung eines Problems und zum Kontext

- Was ist das Problem?
- Warum wird das Problem für ein Problem gehalten?
- Für welche anderen Beteiligten ist das Problem ebenfalls ein Problem oder kein Problem? Warum?
- Wann trat das Problem zuletzt nicht auf?
- Wer würde sich am ehesten damit abfinden, wenn das Problem unlösbar wäre?
- Wer hat Interesse an der Problemlösung / Veränderung? Wer hat ein Interesse am Status quo?

Paradoxe Fragen

- Was muss getan werden, damit dieses Projekt garantiert ein Misserfolg wird?

- Wie hat sich ein Projektleiter in einem Projekt zu verhalten, damit er keinesfalls als Projektleiter anerkannt wird?
- Was könnten wir dafür tun, damit das geschilderte Problem ganz sicher noch schlimmer wird?

Hypothetische Fragen

- Angenommen das Problem hat sich morgen in Luft aufgelöst, was wäre dann anders?
- Angenommen eine gute Fee würde drei Wünsche zur Auswahl stellen, welche würde man nennen?
- Was würde der Projektleiter kurzfristig verändern?
- Angenommen man befände sich x Jahre in der Zukunft, auf welche Erfolge könnte man zurückblicken?

Lösungsorientierte Fragen

- Was ist das Ziel? Was soll in x Monaten erreicht sein?
- Woran ist die Zielerreichung abzulesen? Was hat sich verändert?
- Wer müsste sich wie verhalten, damit das Ziel erreicht werden kann?
- Wer würde mehr, wer weniger, wer gar nicht von der Lösung profitieren?

Konkretisierungsfragen

- In welcher konkreten Situation tritt das Problem auf?
- Was genau sollte anders gemacht werden?
- Wann genau sollte dieser Zustand erreicht sein?
- Wer konkret soll diese Aufgabe übernehmen?
- Was sind konkret die nächsten Schritte?
- Bis wann soll genau was erreicht sein?

- Woran erkennt man, dass man das Ziel erreicht (oder dass sich die Situation verändert) hätte? Was hätte sich verändert?

Zirkuläre Fragen

- Wie würde eine andere Person die aktuelle Position oder das Ziel beschreiben?
- Wie würde die Person die Situation bzw. das Problem sehen?
- Wer noch würde es anders sehen? Wie würde die Person es sehen?
- Wie kann man einem Gegenüber helfen, dass deren Gegenüber einem selbst helfen kann?
- Was könnte eine Person realistischerweise tun, um die gesetzten Ziele einer anderen Person optimal zu unterstützen, ohne die eigenen völlig aufzugeben?

Worst-Case-Folgen

- Was wäre, wenn man die Sache so weiter laufen lassen (oder auch gar nichts tun) würde?
- Wie würden sich die verschiedenen Lösungsversuche auswirken?
- Wie beurteilen wir die Folgen, wie würden andere sie beurteilen?
- Wie könnte man das Problem noch steigern?
- Wie könnte man die ganze Sache scheitern lassen oder sabotieren?
- Wer könnte am meisten dazu beitragen?

Harvard-Konzept[74]

lösungsorientierte Verhandlungen

Sach- und Beziehungsebene

Das "Harvard-Konzept" erlaubt, auch bei schwierigen Verhandlungen ein positives Verhandlungsergebnis zu erzielen. Ziel des Harvard-Konzepts ist es, Sach- und Beziehungsebene zu trennen, Interessen auszugleichen und Entscheidungsalternativen unter neutralen Beurteilungskriterien zu suchen, um so einen Gewinn für alle Beteiligten zu schaffen.

Eine wichtige Forderung beim Harvard-Konzept ist „Hart in der Sache, weich zur Person". Damit bietet es eine dritte Möglichkeit zwischen dem harten Weg der Verhandlungen oder nicht gewollten Kompromissen.

Prinzipien

- Menschen und Probleme getrennt voneinander behandeln.
- Nicht Positionen, sondern Interessen in den Mittelpunkt stellen.
- Vor einer Entscheidung verschiedene Auswahlmöglichkeiten entwickeln.
- Das Ergebnis auf objektiven Entscheidungskriterien aufbauen.

Diese Methode des sachgerechten und interessengeleiteten Verhandelns ist Teil des Harvard-Konzepts.

Win-Win" Situation

Es bezweckt eine "Win-Win" Situation zu schaffen. In verschiedenen Veröffentlichungen über Verhandlungstechniken wird dieses

74 Das Harvard-Konzept formulierte der amerikanische Rechtswissenschaftler Roger Fisher vor mehr als zwanzig Jahren. Das Buch von Roger Fisher und William Ury "Getting to Yes", das von Bruce Patton herausgegeben wurde, ist zu einem Bestseller in den USA geworden und wurde auch ins Deutsche übersetzt.

Prinzip anhand der einleuchtenden "Orangen-Geschichte" veranschaulicht.

Beispiel

Die Mutter zweier Kinder hat noch eine einzige Orange in der Früchteschale. Beide Töchter rufen: "Ich will die Orange unbedingt haben!" Soll nun die Mutter die Frucht zerschneiden oder eine Münze werfen? Oder soll sie die Kinder um die Orange kämpfen lassen? Intuitiv macht die Mutter das Richtige und fragt: "Warum wollt ihr die Orange unbedingt haben?"

Die Eine will einen Kuchen backen und braucht dazu nur die Schale. Die Andere hat Durst und möchte nur den frisch gepressten Orangensaft trinken. Die Orange ohne Schale genügt ihr.

Nach Klärung der Bedürfnisse ist die Lösung plötzlich einfach und die beiden unterschiedlichen Interessen lassen sich berücksichtigen, indem die Eine die Schale und die Andere die geschälte Orange bekommt. Beim schnellen Kompromiss mit zwei halben Orangen hätten zwei unzufriedene Kinder die Küche verlassen.

Tetralemma

Das Tetralemma ist eine Struktur aus der traditionellen indischen Logik. Sie wurde im Rechtswesen zur Kategorisierung der möglichen Standpunkte verwendet, die ein Richter in einem Streitfall zwischen zwei Parteien einnehmen kann. Er kann der einen Partei, der anderen Partei, beiden (jeder hat Recht) Parteien oder keiner von beiden Parteien recht geben. Diese vier Positionen wurden um die Negation des Tetralemmas erweitert.

Entscheidungen erleichtern

In der Projektarbeit kann es vor wichtigen Entscheidungen sowohl bei individuellen Überlegungen z. B. des Projektleiters, aber auch bei Gruppenüberlegungen im Projektteam behilflich sein. Die Beschreibung der unterschiedlichen Handlungsoptionen folgt dabei folgendem Prinzip:

1. **Das Eine**. Hier wird die Haltung oder Handlungsoption beschrieben, die am ehesten für das Richtige gehalten wird.
2. **Das Andere**. Hier wird der Gegenpol beschrieben. Was ist die genau entgegensetzte Alternative?
3. **Beides**. Weist hin auf die bislang übersehenen Vereinbarkeiten der Positionen des Einen und des Anderen, z. B. Kompromisse, Scheingegensätze, Mehrdeutigkeit.
4. **Keines von Beiden**. Hier wird der alte Konflikt in ruhiger Distanz von außen gesehen.
5. **All dies nicht - und selbst das nicht**. Die fünfte (Nicht-) Position, keine der vorigen vier Positionen, führt durch einen kreativen Sprung zu etwas wesentlich Neuem.

Entweder-oder-Situationen

Eine Betrachtung im Tetralemma ermöglicht, Entweder-oder-Situationen in kreative Impulse umzuwandeln. Praktisch werden die oben beschriebenen Positionen folgendermaßen angeordnet und die Konsequenzen darunter beschrieben:

das Eine

Keines von Beiden **Beides**

das Andere

All dies nicht -
und selbst das nicht

Abb. 40: Entweder – Oder Situationen

Beispiel

Ein Mitarbeiter erledigt seine Aufgaben nicht termingerecht. Der Projektleiter ist verärgert, da der Mitarbeiter normalerweise sehr zuverlässig ist. Zunächst formuliert der Projektleiter für sich zwei mögliche Handlungsoptionen, zwischen denen er sich bewegt (Das Eine und das Andere).

1. **Das Eine**. Nichts sagen und abwarten.
2. **Das Andere**. Dem Ärger in der nächsten Projektbesprechung Luft machen und den Mitarbeiter zur Rede stellen.

Im nächsten Schritt sucht er Handlungsalternativen, die sich aus den ersten beiden Optionen ableiten lassen (Beides), und neue, andere Lösungen (Keines von Beiden).

3. **Beides**
   a. Dem Mitarbeiter nichts sagen und am Abend das Problem in der Familie besprechen.
   b. Eine Weile warten und dann das persönliche Gespräch mit dem Mitarbeiter suchen.
   c. Den Ärger beim Sport abreagieren, die Gedanken für ein persönliches Gespräch am nächsten Tag sortieren, um die Gründe für den Terminverzug herauszubekommen.
   d. ....

4. **Keines von Beiden**
   a. Abwarten, bis ein anderes Teammitglied das Thema zur Sprache bringt.
   b. Einem anderen Mitarbeiter die Aufgabe übertragen.
   c. Die Lösung des Problems auf nach dem Urlaub verschieben.
   d. ....

„All dies nicht – und selbst das nicht“ verweist dann auf mögliche übergeordnete Lösungen.

5. **All dies nicht - und selbst das nicht**
    a. Der Projektleiter als Führungsperson kam schon häufig an diesen Punkt und hat Probleme im Umgang mit dieser Situation. Er bespricht das Verhalten mit einem Coach.
    b. …

Es geht in einem ersten Schritt nicht darum, die richtige Lösung zu finden, sondern verschiedene Handlungsoptionen zu beschreiben. Die unterschiedlichen Positionen im Tetralemma ermöglichen dabei einen „Blick über den Tellerrand“.

Fazit

Insgesamt gilt, dass Arbeitstechniken, die einer Gruppe fremd sind, zunächst gemeinsam erprobt werden müssen. Einem externen Moderator fällt die Einführung aufgrund seiner Rolle häufig leichter als einem Projektleiter oder einem Teammitglied. Eine gute Vorgehensweise ist, eine Methode im Rahmen der gemeinsamen Projektarbeit zu testen und dann gemeinsam auszuwerten. Dabei sollte man jedoch nicht gleich nach einem Versuch „die Flinte ins Korn werfen“. Neue Vorgehensweisen brauchen ihre Zeit und müssen immerfort weiterentwickelt werden.

Kontrollfragen

1. Welche Schritte sind zur Erstellung eines Netzplans notwendig?
2. Welche Informationen enthält ein Vorgang des Netzplans?
3. Was versteht man unter einem Gantt-Diagramm?
4. Nennen Sie Einsatzgebiete von Checklisten.
5. In welchen Darstellungsformen können Checklisten angelegt werden?
6. Nennen Sie Faktoren der Wirtschaftlichkeit.
7. Wann ist der Einsatz der Nutzwerteanalyse sinnvoll?
8. Beschreiben Sie die Schritte der Nutzwertanalyse.
9. Erklären Sie den Unterschied statischer und dynamischer Verfahren der Investitionsrechnung.
10. Nennen sie drei statische Verfahren und erklären deren Vorgehen.
11. Nennen sie drei dynamische Verfahren und erklären deren Vorgehen.
12. Beschreiben Sie die Kreativitätsmethode "Mindmapping" und nennen Sie Vor- und Nachteile.
13. Beschreiben Sie das Prinzip der Kreativitätsmethode "Tetralemma" anhand eines Beispiels.
14. Was versteht man unter Moderation? Nennen Sie Einsatzgebiete der Moderation.

15. Was versteht man unter Visualisierung? Beschreiben Sie Einsatzgebiete und nennen Vor- und Nachteile.
16. Beschreiben Sie den Prozess der "Systemischen Fragen".
17. Beschreiben Sie das Prinzip der Kreativitätsmethode "Harvard-Konzept" anhand eines Beispiels.
18. Beschreiben Sie die Kreativitätsmethode "Brainstorming".
19. Beschreiben Sie das Prinzip der Kreativitätsmethode "Methode 635".

Software-werkzeuge

Fragen, die diese Kapitel beantwort

- Welche Werkzeuge können effizient und effektiv zur Unterstützung des Managements von Projekten eingesetzt werden?
- Welche für die Praxis relevanten, wichtigen Funktionen besitzen die Werkzeuge und wie können sie richtig genutzt werden?
- Auf welche Art und Weise können die Werkzeuge miteinander kommunizieren?
- Wo werden die Werkzeuge eingesetzt?
- Wie können die Werkzeuge als Unterstützung von Kreativitätsmethoden eingesetzt werden?

Unterstützung Projektprozess

Es gibt eine Vielzahl von Methoden und Werkzeugen, die im Rahmen des Projektmanagements zur Unterstützung des Projektprozesses eingesetzt werden können. Sie dienen der Planung, Kontrolle und Steuerung von Projekten. Richtig eingesetzt lohnt sich die Investition für die Anschaffung eines oder mehrerer der genannten Werkzeuge für jedes Projekt. Gründe für den Einsatz von Werkzeugen sind:

- Zeit und Geld zu sparen
- komplexe Strukturen vereinfacht und übersichtlich darzustellen
- Ergebnisse allgemeinverständlich zu machen
- Kommunikation in Projekten zu unterstützen
- Änderungen schnell und ohne großen Aufwand einpflegbar zu machen
- durch Visualisierung in Form von grafischer Darstellung sind Fehler und Abhängigkeiten einfacher zu erkennen und dementsprechend können schneller Gegenmaßnahmen eingeleitet werden
- Entscheidungen zu unterstützen

Auf den folgenden Seiten werden die wesentlichen Funktionen dreier Werkzeuge beschrieben, deren Einsatz sich in Projekten der Praxis als effizient erwiesen hat bzw. welche die oben beschriebenen Attribute besitzen.

Methodenbasierte Werkzeuge

MS–Project (2003)

MS–Project basiert auf der Netzplantechnik. Es unterstützt bei der Planung und Kontrolle von

- Terminen,
- Ressourcen (Personal- und Sachmittel) und
- Geldmitteln.

Anlegen eines Projektes

Projektplan anlegen

Bevor mit der Planung begonnen werden kann, muss zu Beginn ein Projekt angelegt werden. Dies geschieht über die Schaltfläche „**Datei – Neu**“  .

Über den Menüpunkt „**Datei – Eigenschaften**“ können verschiedene Informationen, die auf fünf Reiter (Allgemein, Zusammenfassung, Statistik, Inhalt und Anpassen) verteilt sind, zu dem aktuellen Projektplan abgefragt bzw. erfasst werden.

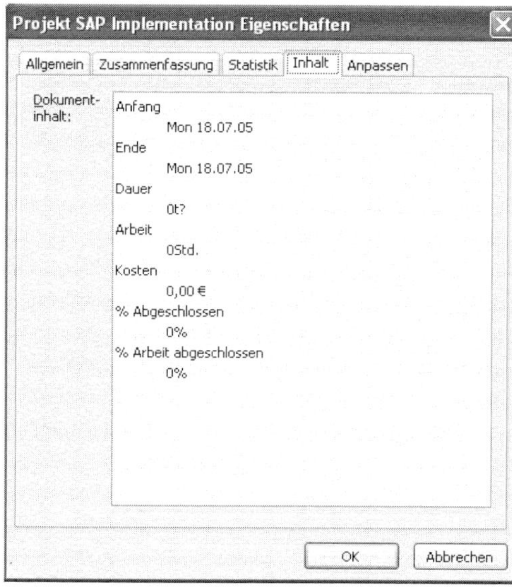

Abb. 41: Anlegen eines Projektes

Grundeinstellungen

Arbeitszeit

Standardeinstellungen

Standardeinstellungen (z. B. Formate, Symbole, Arbeitszeit (Standardanfang und –ende, usw.)) können über den Menüpunkt „**Extras – Optionen**“ getätigt werden. Einstellungen wie beispielsweise individuelle arbeitsfreie Zeiten (z. B. aus Gründen von Betriebsferien)

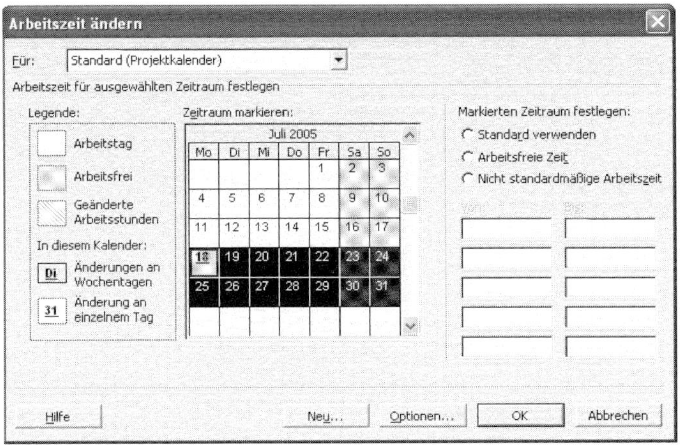

Abb. 42: Individuelle projektspezifische arbeitsfreie Zeit

oder individuelle Arbeitszeiten (z. B. an jedem zweiten Samstag im Monat wird gearbeitet) können über das Menü „**Extras – Arbeitszeit ändern**" eingestellt werden.

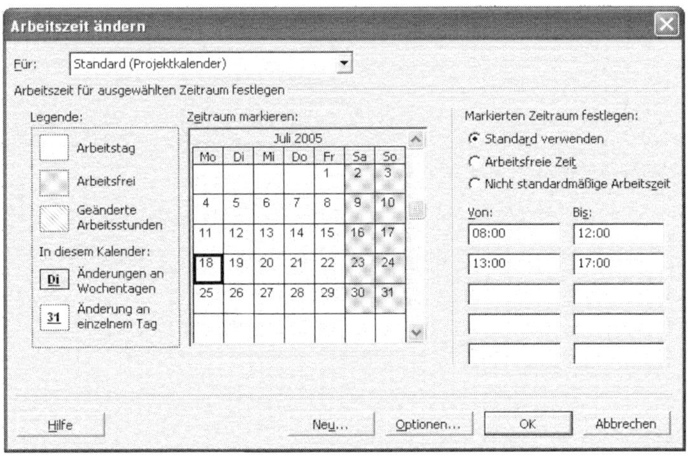

Abb. 43: Festlegen individueller Arbeitszeit

Zusätzliche Informationen

Über den Menüpunkt „**Einfügen – Spalten**" können zusätzliche Informationen (z. B. das Ressourcenkürzel, welches in der „**Ansicht – Ressource: Tabelle**" gepflegt wird), unter Angabe eines Alias und verschiedenen Formatierungen, in der Übersicht angezeigt werden.

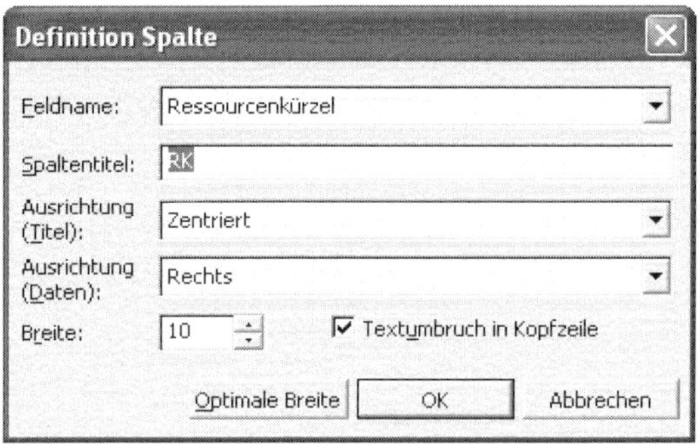

Abb. 44: Zusätzliche Spalten

Vorgänge

Nachdem alle notwendigen Einstellungen getätigt wurden, müssen als nächstes alle Vorgänge zur Erreichung des Gesamtzieles in den Projektplan eingetragen werden. Zur besseren Überschaubarkeit ist eine Strukturierung der Vorgänge durch das Bilden von Gruppen möglich.

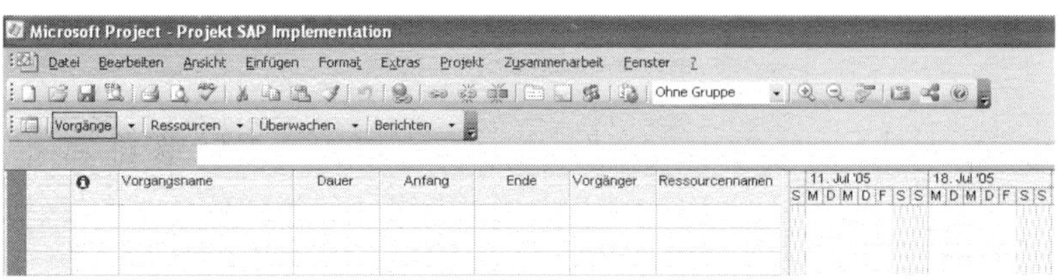

Abb. 45: Projektplan

Pro Vorgang sind die Bezeichnung (Vorgangsname), die erforderliche Zeitdauer (z. B. in Stunden oder Tagen) zur Erledigung des Vorganges, der Startzeitpunkt sowie die für den Vorgang notwendigen Ressourcen (Personal, Betriebsmittel) einzutragen.

Gruppierung, Strukturierung

Eine Gruppierung von Teilvorgängen ist durch die Eingabe eines Gruppierungsbegriffes (normale Vorgangsbezeichnung durch Eingabe beispielsweise in Zeile 1, durch die anschließende Markierung der betroffenen Vorgänge (beispielsweise der Vorgänge von Zeile 2 – Zeile 5) und durch die Betätigung der Schaltfläche  möglich.

Die Abhängigkeiten der Vorgänge können auf zwei Arten gesetzt werden.

1. Durch Eingabe des Vorgängers in der Spalte „Vorgänger".
2. Durch die Positionierung des Mauszeigers auf einem Vorgangsbalken, drücken und gedrückt halten der linken Maustaste, Positionierung des Mauszeigers auf den nachfolgenden Vorgangsbalken und loslassen der linken Maustaste.

Ist eine Änderung z. B. der Dauer eines Vorganges notwendig, wird das Gantt-Diagramm automatisch nach Eingabe der neuen Dauer dementsprechend aktualisiert.

Vorgangsinformationen

Pro Vorgang kann eine Vielzahl von Informationen erfasst werden. Dazu gehört ein Textfeld, um vorgangsbezogene Daten abzulegen.

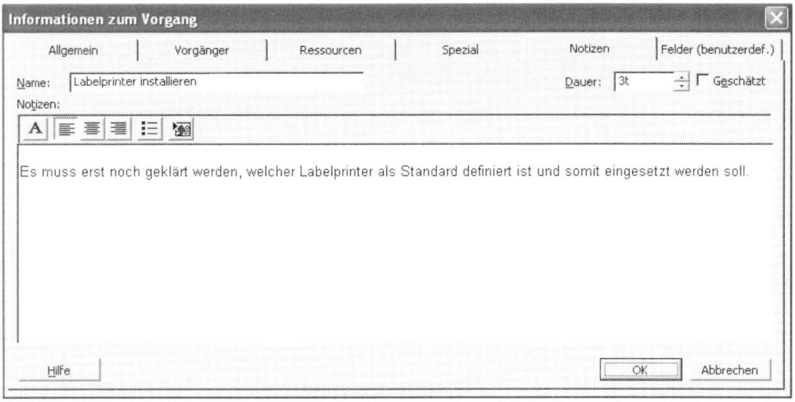

Abb. 46: Vorgangsbezogene Informationen

Des Weiteren können pro Vorgang u. a. folgende allgemeine Informationen abgelegt werden:

- um wie viel Prozent dieser abgeschlossen ist,
- welcher Priorität unterliegt der Vorgang (niedriger, mittlerer, hoher),
- wann der Vorgang beginnt bzw. endet.

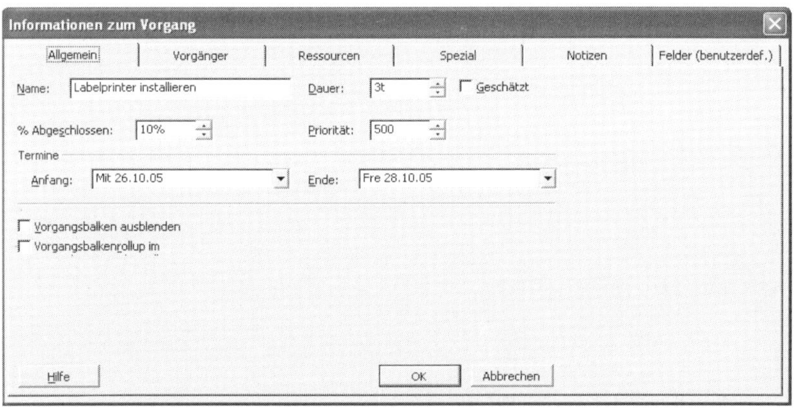

Abb. 47: Vorgangsbezogene allgemeine Informationen

Personal, Sachmittel

Im Rahmen der Ressourcentabelle *(vgl. Methodenbasierte Werkzeuge/MS–Project/Ressourcen)* können für das Projekt benötigtes Personal oder Sachmittel erfasst werden, die pro Vorgang ausgewählt und zugeordnet werden können.

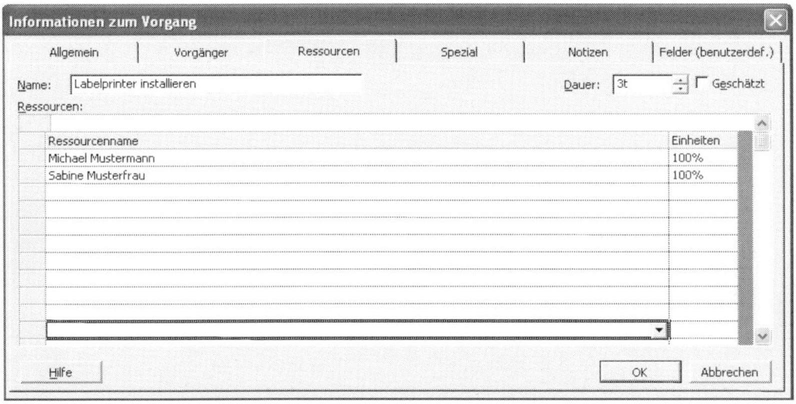

Abb. 48: Vorgangszugeordnete Ressourcen

Festlegen von periodischen Vorgängen

Teambesprechungen

Enthält ein Projekt Vorgänge (z. B. Teambesprechungen), die regelmäßig stattfinden, so kann ein periodischer Vorgang über den Menüpunkt „**Einfügen – Periodischer Vorgang**“ angelegt werden. Hierzu müssen der Name des Vorganges, die Dauer, der Wiederholungsintervall, der Wochentag und der Zeitraum, von wann bis wann dieser Vorgang regelmäßig stattfinden soll, angegeben werden.

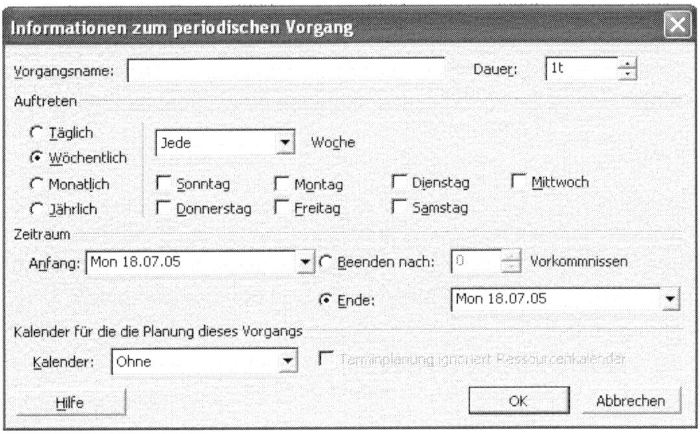

Abb. 49: Periodischer Vorgang

Formatierung

Um eine bessere Überschaubarkeit des Gesamtprojektplans zu gewährleisten, ist die individuelle Formatierung der Balken durchführbar. Der Mauszeiger wird hierzu auf den zu formatierenden Balken positioniert und anschließend der Menüpunkt „**Format – Balkenarten**" ausgewählt. Hier können der Balkentext bzw. die –form formatiert werden.

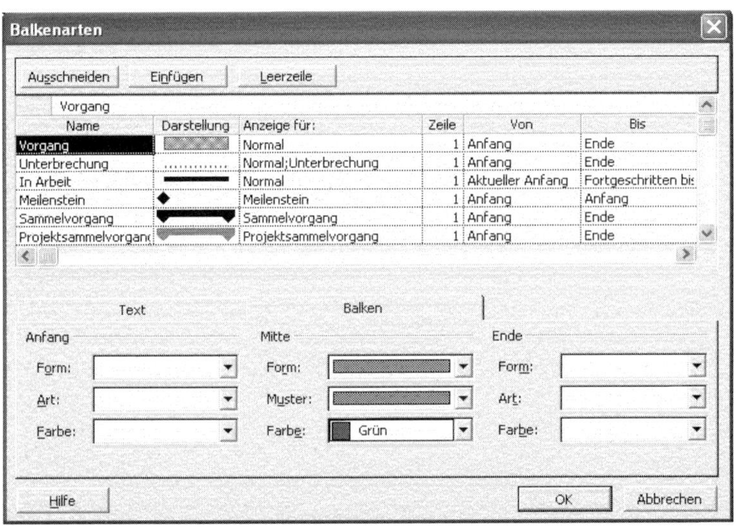

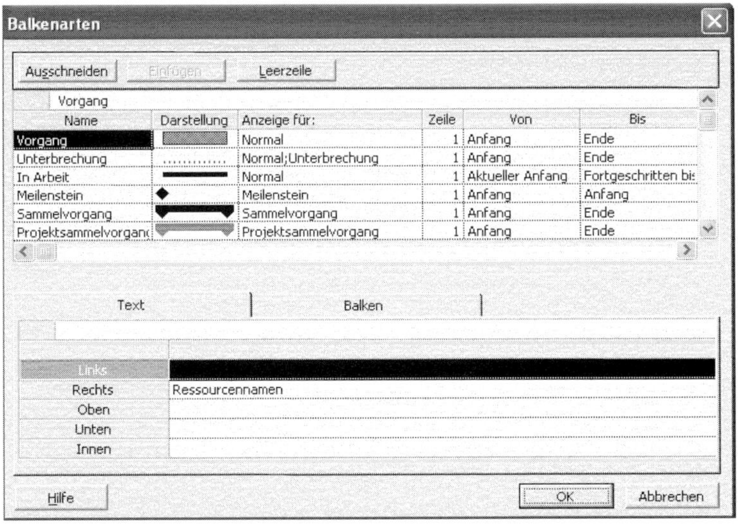

Abb. 50: Formatierung der Vorgangsbalken

Ressourcen

Über den Menüpunkt „**Ansicht Ressourcen: Tabelle**“ können die benötigten Ressourcen eingepflegt werden. Hier sind der Ressourcenname (z. B. Nachname + Vorname oder die Betriebsmittelbezeichnung), ein Kürzel (z. B. bei einem Mitarbeiter Kürzel des Namens), eine Gruppe (z. B. eine Abteilungsbezeichnung oder für ein Betriebsmittel ein Standort), die prozentuale Einsetzbarkeit (z. B. bei Personalressourcen zu 50 % für das aktuelle Projekt) und der Kostensatz für eine Standardstunde bzw. für eine Überstunde anzugeben. Werden die Kostensätze für alle Ressourcen vollständig eingepflegt, so ist eine Kostenkalkulation und –auswertung des Projektes z. B. mit Hilfe der fest hinterlegten Berichte möglich.

Mitarbeiterkürzel, Abteilungsbezeichnung

Kostenkalkulation

Bei der Ermittlung bzw. Gegenüberstellung des Personals bzw. der Sachmittel sind Qualität und Verfügbarkeit der jeweiligen Ressource zu berücksichtigen. Für die zeitlichen Personalaufwände sind die Nettozeiten zu berechnen. Nettozeit = Bruttozeit (z. B. 52 Wochen * 5 Tage * 8 Stunden) minus (z. B. Urlaub, Krankheit (durchschnittliche Erfahrungen sind anzusetzen))[75].

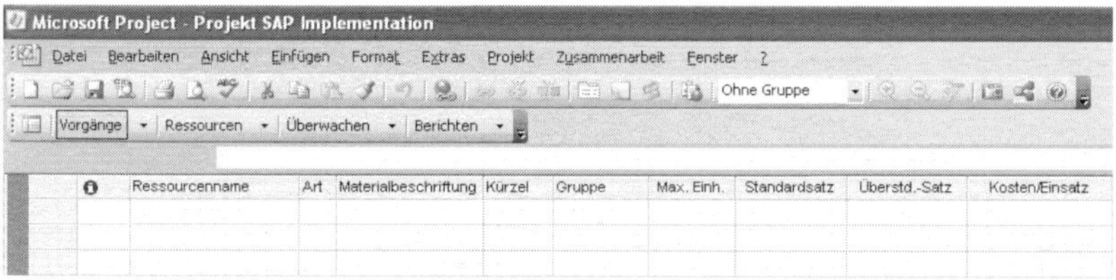

Abb. 51: Ressourcenansicht

Ansichten

Über das Menü „**Ansichten**" können verschiedene Daten bzgl. der erfassten Vorgänge und Ressourcen abgefragt werden.

- **Balkendiagramm Überwachung:** Wie viel Prozent der jeweiligen Vorgänge/Gruppen sind schon abgeschlossen?
- **Netzplandiagramm**: Das Balken- bzw. Gantt-Diagramm wird in Form eines Netzplans angezeigt.
- **Ressource Einsatz**: Welche Ressource wird in welchen Vorgängen für welche Zeit eingesetzt? Diejenigen Ressourcen, die überlastet sind, werden rot gekennzeichnet.
- **Ressourcen Grafik**: Welche Ressource ist an welchen Tagen zu wie viel Prozent ausgelastet?

Berichte

Über den Menüpunkt „**Ansicht – Berichte**" sind Standardauswertungen bzgl. der Ressourcen, Vorgänge, Kosten, Auslastung usw. auswählbar.

75 Vgl. Jenny (2001), S. 248 ff.

Arbeitsdauer pro Vorgang (Beispiel)

Der Aufwand für die Entwicklung einer Software beträgt 96 Arbeitsstunden. Es stehen vier Berater mit einer Leistung von 8 Stunden pro Tag zur Verfügung. Die Gesamtleistung beträgt somit 32 Stunden (4 Berater * 8 Stunden) pro Tag. Die Dauer des Vorganges beträgt somit 3 Tage (96 Stunden / 4 Berater * 8 Stunden). Die Dauer eines Vorganges ist die Zeit, welche die beteiligten Ressourcen für den Vorgang benötigen.

Termintreue Einsatzmittelplanung

Die Termine werden vom Projektinitiator vorgegeben und es muss ermittelt werden, wie viele Personalressourcen zur Erreichung des Termins eingesetzt werden müssen.

Kapazitätstreue Einsatzmittelplanung

Die für das Projekt einsetzbaren Mitarbeiter stehen fest und der früheste Fertigstellungstermin muss ermittelt werden.

Mind Manager (5.1.22)

Grundlagen

Der Mind Manager ist ein Werkzeug zur Erstellung von MindMaps *(siehe Kapitel Methoden/Kreativitätstechniken)* (freie Übersetzung = Gedächtniskarten). Das menschliche Gehirn besteht aus zwei Gehirnhälften. Jede Gehirnhälfte hat spezielle Funktionen. Die linke Seite übernimmt die sukzessive (Schritt für Schritt) und analytische Denkweise und konzentriert sich auf die Bereiche Sprache, Logik, Zahlen, Text usw. und die rechte Seite ermöglicht ganzheitliches Denken und fokussiert eher Farben, Rhythmen,

Linke, rechte Gehirnhälfte

Muster, Bilder usw. Beide Gehirnhälften kommunizieren miteinander und ergänzen sich. Der MindManager ermöglicht die Nutzung beider Gehirnhälften und somit eine bessere Ausnutzung der Leistungsfähigkeit des Gehirns, schnellere Aufnahme von Informationen und ein schnelleres Verstehen von komplexen und komplizierten Sachverhalten.

Vorgehensweise

Zur Erstellung einer MindMap sind folgende Schritte notwendig (die Schritte 7 – 9 sind optional):

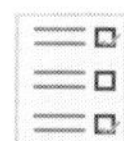

1. Neue MindMap anlegen 
2. Klicken auf das Kästchen „Hauptthema“
    a. Thema eingeben
    b. Bild hinzufügen (Anklicken des eingegebenen Themas mit der rechten Maustaste, Menü „Bild einfügen“ ➔ „Aus Datei…“ ➔ Datei auswählen oder „Objekt einfügen“ ➔ „Map Part“ ➔ Quelle aus Ordnerstruktur auswählen
3. Anlegen der Hauptzweige (dazu Thema anklicken) 
4. Anlegen der Unterzweige (dazu Hauptzweig anklicken) 
5. Grafische Beschreibung (Bild einfügen vgl. oben)
6. Kategorisierung / Symbolisierung (Zweig auswählen) 
7. Notizen hinzufügen (Zweig auswählen) 
8. Freie Bemerkungen hinzufügen (Zweig auswählen) 

Sortierkriterium

Aus Verständnisgründen und wegen der Übersichtlichkeit ist es sinnvoll, die jeweiligen Hauptzweige und Unterzweige nach einem Sortierkriterium oder bzgl. ihrer logischen Reihenfolge im Uhrzeigersinn anzuordnen. Eine Sortierung im Nachhinein ist über den

Menüpunkt „**Aktien – Zweige sortieren**“ möglich. Die Darstellungssymbole der Zweige, Linien-, Schrift- und Füllfarbe sind über das Menu „**Format - …**“ individuell anpassbar.

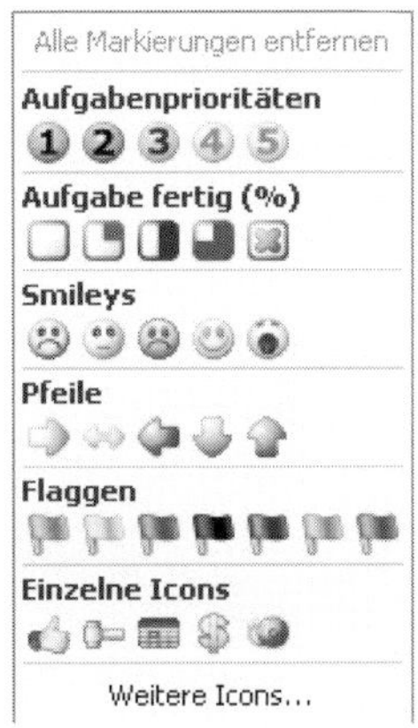

Abb. 52: Kategorien / Symbole

Vorteile gegenüber Notizen

Das Erstellen von MindMaps bietet gegenüber herkömmlichen Notizen verschiedene Vereinfachungen bzw. Zeitersparnisse.

Notizen sind

1. unstrukturiert
2. gegebenfalls zu einem späteren Zeitpunkt nicht mehr lesbar bzw. nicht mehr nachzuvollziehen
3. es dauert sehr lange, ganze Sätze mitzuschreiben, damit ein ganzer Sachverhalt zur Nachvollziehbarkeit notiert ist
4. herkömmliche Notizen nutzen nur die linke Gehirnhälfte

MindMaps

1. bieten von vornherein ein strukturierte Darstellung

2. die Kreativität wird angeregt
3. durch die Verwendung einzelner Schlagworte oder Substantive plus Verben wird weniger Zeit benötigt
4. komplizierte Inhalte können erfasst werden und lassen sich besser merken

Digital versus handschriftlich

Die Erstellung von Mindmaps mit Hilfe eines Tools bietet gegenüber der handschriflichen Darstellung folgende Vorteile:

1. Gedanken lassen sich schwer in Textform darstellen und können sehr schnell durch das Einfügen von Grafiken visualisiert werden.
2. Per Drag und Drop läßt sich die Struktur schnell ändern.
3. Es sind jederzeit Änderungen bzw. Erweiterungen möglich (z. B durch das Verschieben von Zweigen).
4. Zweige können aus und eingeblendet weden ➔ bessere Übersichtlichkeit.
5. Zusatzinformationen wie Notizen, Bemerkungen sind erfassbar.
6. Farbliche Differenzierung, Kategorisierung (Prioritäten) und Symbolisierung ist möglich.
7. Kompatibilität zu andere Software .
8. Durch das Anlegen von Gruppen bzw. Strukturen ist Multimapping möglich.

Beispiele für MindMaps

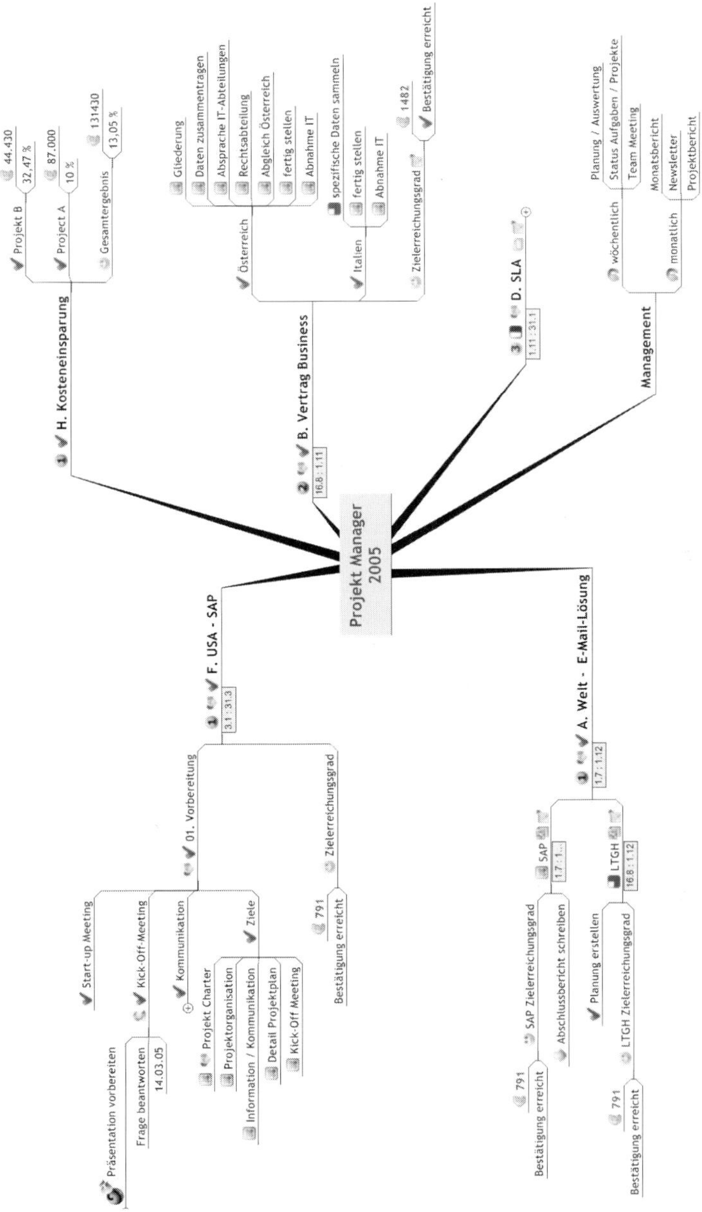

Abb. 53: Jahresaufgaben eines Projektmanagers

Einsatzmöglichkeiten von MindMaps

- Sitzungsprotokolle führen
- Brainstormingsitzungen durchführen
- Projektplanung erstellen
- Themenauswertung

Aufgabe

Zu jedem Zweig ist eine Aufgabe („**Einfügen – Aufgabeninfo**") definierbar. Hier sind Informationen wie Priorität (1, 2, 3 usw.), Anfangs- und Enddatum, Fertigstatus (in %), Dauer (in Stunden, Tagen, Monaten) und die für die Aufgaben notwendigen Ressourcen (Personal, Sachmittel) anzugeben.

Abb. 54: Aufgaben

Notizen

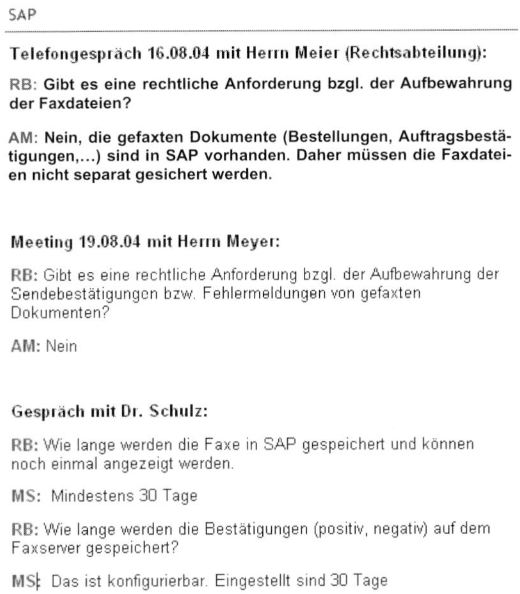
SAP

Telefongespräch 16.08.04 mit Herrn Meier (Rechtsabteilung):

RB: Gibt es eine rechtliche Anforderung bzgl. der Aufbewahrung der Faxdateien?

AM: Nein, die gefaxten Dokumente (Bestellungen, Auftragsbestätigungen,...) sind in SAP vorhanden. Daher müssen die Faxdateien nicht separat gesichert werden.

Meeting 19.08.04 mit Herrn Meyer:

RB: Gibt es eine rechtliche Anforderung bzgl. der Aufbewahrung der Sendebestätigungen bzw. Fehlermeldungen von gefaxten Dokumenten?

AM: Nein

Gespräch mit Dr. Schulz:

RB: Wie lange werden die Faxe in SAP gespeichert und können noch einmal angezeigt werden.

MS: Mindestens 30 Tage

RB: Wie lange werden die Bestätigungen (positiv, negativ) auf dem Faxserver gespeichert?

MS: Das ist konfigurierbar. Eingestellt sind 30 Tage

Abb. 55: Notizen

Über ein Popup–Fenster sind zu jedem Zweig Informationen in Freitextform erfassbar.

Ansichten

Abb. 56: Ansichten- und Modileiste

Schaltflächen **Map** = Darstellung einer einzelnen Map, **Gliederung** = Strukturansicht (vgl. unten), **Multi-Map** = (sind mehrere Karten miteinander verknüpft, so sind die Zusammenhänge visualisierbar)

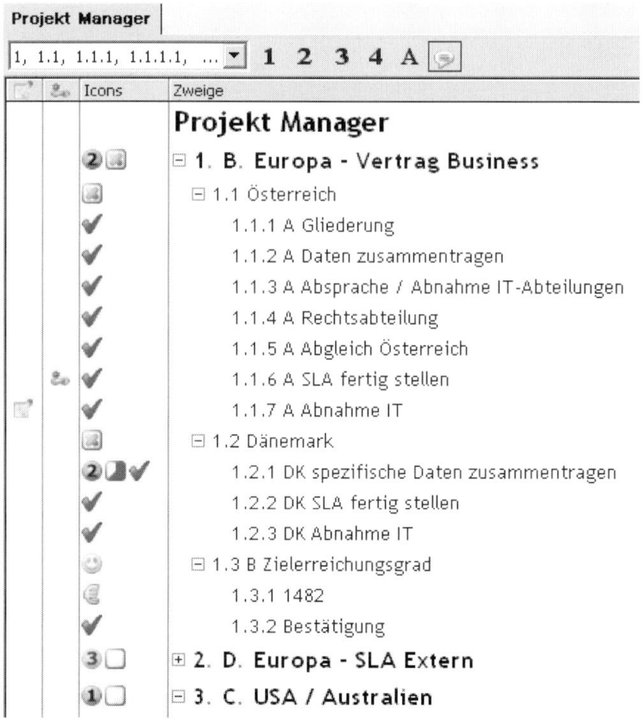

Abb. 57: Gliederungsansicht

Brainstorming

Zur Unterstützung der Kreativitätsmethode „**Brainstorming**“ ist der Brainstormingmodus zu aktivieren („Modi – Brainstorming“).

Vorgehensweise

- **Stufe 1:** Alle Ideen eingeben

Abb. 58: Brainstormingideen erfassen

- **Stufe 2:** Gruppen definieren

Abb. 59: Gruppierungskriterien erfassen

- **Stufe 3:** Zuordnung der Ideen zu den Gruppen

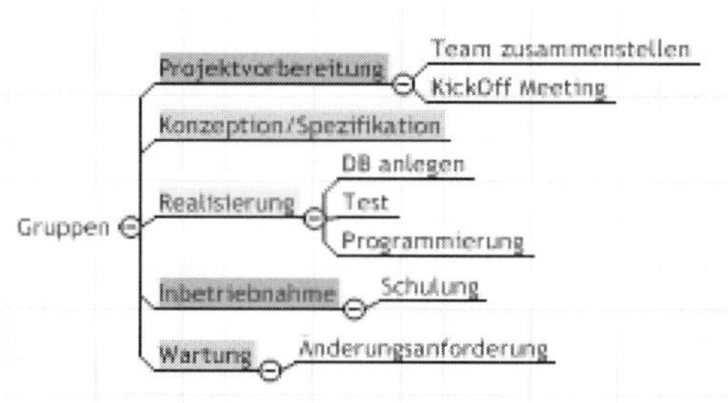

Abb. 60: Zuordnung der Ideen zu den Gruppen

Durch Anklicken der einzelnen Punkte mit der linken Maustaste, Festhalten der linken Maustaste und Positionieren des Punktes auf dem dazugehörigen Strukturpunkt erfolgt die Zuordnung.

MS–Office Schnittstellen

Abb. 61: Export

Durch Auswahl der Symbole in der Fußmenüleiste ist unter Angabe verschiedener Kriterien ein Export der MindMaps und aller dazugehörigen Informationen wie z. B. Aufgaben, Notizen, freie Anmerkungen usw. in verschiedene Office-Tools möglich. Dazu gehören:

- MS Word
- MS Project
- MS PowerPoint
- MS Outlook

Aufgaben in Outlook

Aufgaben, die im MindManager oder in Outlook (2003) erfasst worden sind, können vom MindManager nach Outlook oder umgekehrt portiert werden. Werden die Aufgaben in Outlook oder im MindManager geändert, so können diese durch die Betätigung der Schaltfläche „**Outlook Aufgaben synchronisieren**“ synchronisiert werden.

Rechte Menuleiste

Abb. 62: Menüleiste rechts

Bedeutung der Schaltflächen:

- „**Eigene Maps**“ = die bestehenden Mapverknüpfungen (Multimapping) sind darstellbar
- „**Map-Markierung**“ = die zu einem Zweig zuordenbaren Symbole und Kategorien sind auswählbar
- „**Aufgabeninfo**“ = Aufgabeninformationen können vervollständigt werden
- „**Bibliothek**“ = separate Grafiken können den Zweigen zugeordnet werden

Verknüpfungen

Sind zweigbezogene Ordner oder Dateien vorhanden, so können diese über die Schaltfläche  dem jeweiligen Zweig direkt zugeordnet werden und sind über das dann neben dem Haupt- oder Unterzweig erscheinende Symbol direkt auswählbar.

Kommunikationswerkzeuge

Sharepoint (2003)

Workgroups

Workgroups-orientierte Kommunikationssysteme haben sich inzwischen auch im Projektmanagement etabliert, weil Kommunikationsprobleme zwischen und innerhalb von Projektteams zu großen Problemen führen können.

- Entweder werden Informationen nicht an alle Mitarbeiter verteilt oder sie werden an Mitarbeiter weitergegeben, für die sie nicht von Interesse sind. Das heißt die Informationen stehen oftmals nicht zur richtigen Zeit am richtigen Ort im richtigen Umfang zur Verfügung.
- Projektdokumente werden erweitert oder geändert. Dadurch entstehen mehrere Versionen von Dokumenten, die an unterschiedlichen Stellen, teilweise lokal oder dezentral abgelegt werden. Die betroffenen Personen werden nicht über Aktualisierungen informiert und es kommt zu unterschiedlichen Versionsständen, d. h. Inkonsistenzen.
- Es sind keine Werkzeuge bzw. Strukturen vorhanden, die einen effektiven und effizienten Umgang mit Dokumenten unterstützen.

Start

Die Maske erscheint nach Betreten von Sharepoint und zeigt eine noch nicht konfigurierte Webseite.

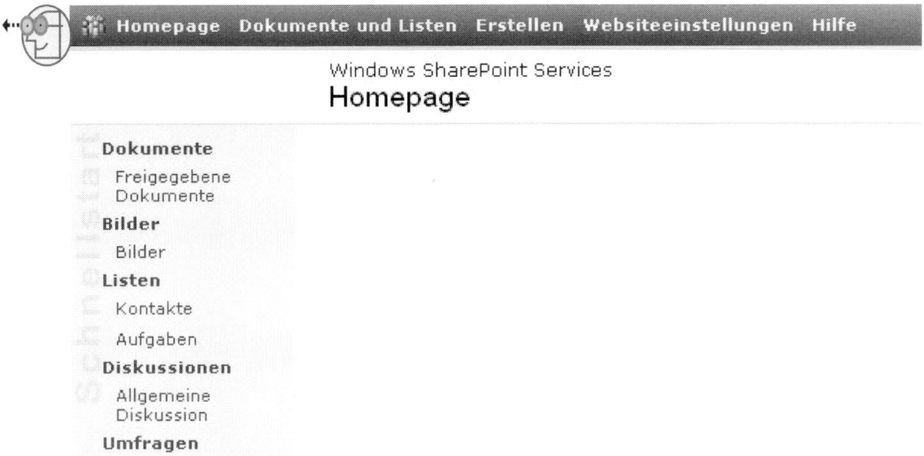

Abb. 63: Unkonfigurierte Webseite Sharepoint

Funktionen[76]

Im Web-Bereich „**Erstellen**" können grundsätzlich Bibliotheken, in denen später Dokumente gespeichert werden sollen, angelegt werden. Hierzu gehören beispielsweise Dokumenten-, Formular-, Bilderbibliotheken und Verknüpfungs-, Ankündigungs-, Kontaktlisten. Die eigentlichen Dokumente werden dann über „**Dokumente und Listen**" erstellt bzw. verwaltet.

76 http://www.asaris-matrix.de/create.aspx, Stand: 12.05.2005

Versionierung

Ein freigegebenes Dokument kann gemeinsam vom Projektteam verwendet werden, indem es der **Dokumentenbibliothek** hinzugefügt wird. Eine Dateiversionskontrolle sowie Unterordner werden unterstützt. XML-basierte Geschäftsformulare wie Statusberichte oder Kaufverträge können in einer **Formularbibliothek** verwaltet werden. Diese Bibliothek erfordert einen kompatiblen XML-Editor.

Werden im Rahmen des Projektes Bilder, Grafiken, Fotos oder Methodendateien erstellt, so können diese über die **Bilderbibliothek** verwaltet werden.

Anhand der **Ankündigungsliste** können Nachrichten an die Homepage dieser Webseite gesendet werden.

Die **Aufgabenliste** gibt die Möglichkeit, über noch ausstehende Aufgaben (die beispielsweise im Rahmen des Projektes durch das Projektteam durchgeführt werden müssen) und deren Status auf dem Laufenden zu bleiben.

Video-, Audiokonferenzen

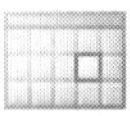

Soll das Team über wichtige Termine, Ereignisse oder anstehende Besprechungen (Video-, Audiokonferenzen oder Präsenzveranstaltungen) informiert werden, ist dies mit Hilfe der **Ereignisliste** möglich.

Relevante, nützliche und für das Projekt interessante Verknüpfungen zu anderen Webseiten oder Ressourcen können mit Hilfe der **Hyperlinks** dokumentiert werden.

Die **Kontaktliste** enthält alle Informationen von projektbeteiligten (Mitglieder, Kunden...) Personen wie

Adressen, E-Mailadressen, Telefonnummern usw.

In den **allgemeinen Diskussionen** können projektrelevante Themen im Newsgroupstil diskutiert werden.

Dieser Bereich kann genutzt werden, um eine offene Punkte- oder **Problemliste** anzulegen.

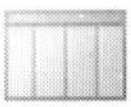

Im Rahmen dieser Funktionen können **benutzerspezifische Einstellungen** wie das Hinzufügen von Spalten festgelegt werden.

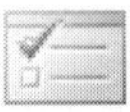

Soll eine **Umfrage** im Rahmen der Webseitenbenutzer durchgeführt werden, so kann diese Funktion genutzt werden. Fragen können erstellt und es kann bestimmt werden, wie Benutzer ihre Antworten abgeben.

Webeinstellungen[77]

Mit Hilfe der Hyperlinks können Sie die Webeinstellungen verwalten und Ihre persönlichen Informationen auf diese Webseite aktualisieren.

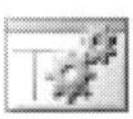

Im Rahmen des Bereiches Verwaltung können Benutzer, Webseiten und Arbeitsbereiche verwaltet und konfiguriert werden.

Über **Anpassung** können Webseitentitel, –beschreibungen und Inhalte geändert, die Homepage angepasst bzw. unterschiedliche Designs angewendet werden.

77 http://www.asaris-matrix.de/settings.aspx, Stand 12.05.2005

Meine Informationen verwalten gibt beispielsweise die Möglichkeit, eigene Informationen zu aktualisieren und Benachrichtigungen zu konfigurieren.

Beispiel konfigurierte Homepage

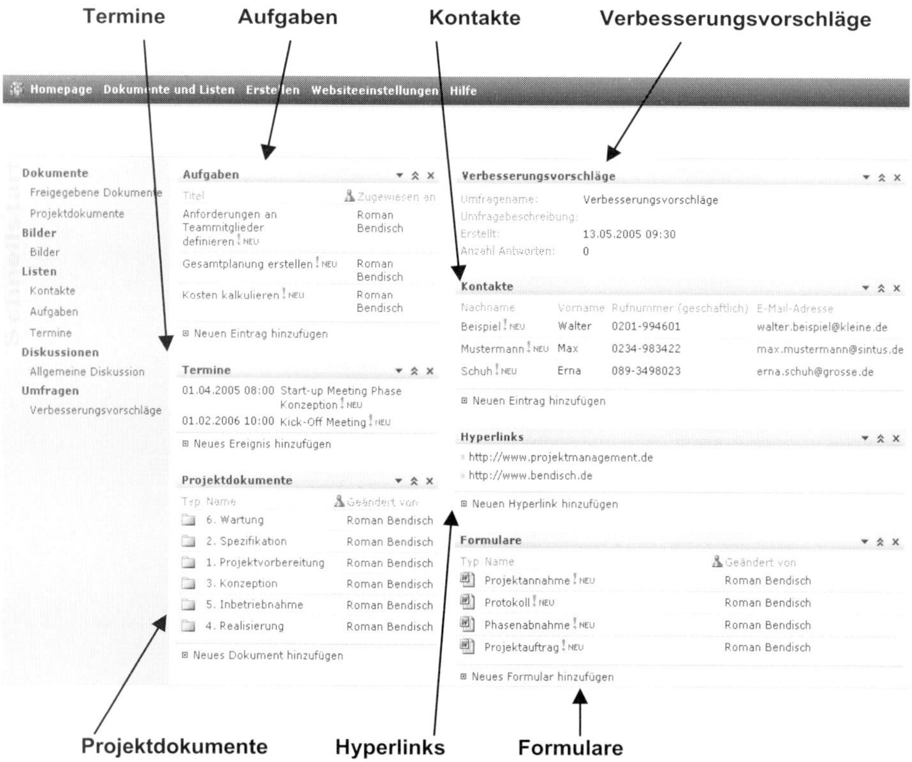

Abb. 64: Konfigurierte Webseite

Die Vorteile einer Kommunikationsplattform für Projekte können am Beispiel des Sharepoint-Systems verdeutlicht werden.

Vorteile

- Sharepoint ist ein Werkzeug, das einfach bedient, strukturiert bzw. konfiguriert werden kann. Da das Werkzeug des Weiteren den Funktionsweisen anderer Officeprodukte entspricht, ist der Schulungsaufwand für Mitarbeiter sehr gering.
- Projektbezogene Zusammenarbeit des Projektteams wird gefördert.
- Informationsaustausch und Wissenstransfer findet über eine zentrale Plattform statt.
- Einfacher und flexibler Zugang über das Web.
- Eine Benachrichtigungsfunktion kann aktiviert werden, die über Änderungen im Projektportal informiert. Jeder Mitarbeiter muss das Portal also nur dann betreten, wenn er selbst Änderungen einstellen möchte oder über die Benachrichtigungsfunktion über Änderungen anderer Mitarbeiter informiert wurde.
- Die Produktivität in Projekten wird gefördert, da jeder Mitarbeiter jederzeit auf die Informationen zugreifen kann.
- Portalinhalte können in den öffentlichen Bereichen eingestellt werden, damit beispielsweise alle anderen Adressaten sich diese Informationen ansehen können.
- Durch die zentrale Ablage und Verwaltung von Informationen und weil Mitarbeiter nicht unnütz an gleichen Dokumenten mit unterschiedlichen Versionsständen arbeiten, wird Zeit gespart.
- Alle relevanten Stammdaten wie Kontakte oder Benutzerdaten und die dazugehörigen Rechte können zentral erfasst und gepflegt werden.
- Funktionen zur Präsentation, Suche und Sicherung von Informationen sind integriert.

MS–Outlook (2003)

Outlook-Leiste

Outlook bietet eine spezielle Leiste (Outlook-Leiste), um durch Anklicken der verschiedenen Symbole direkt in die genannten Bereiche springen zu können.

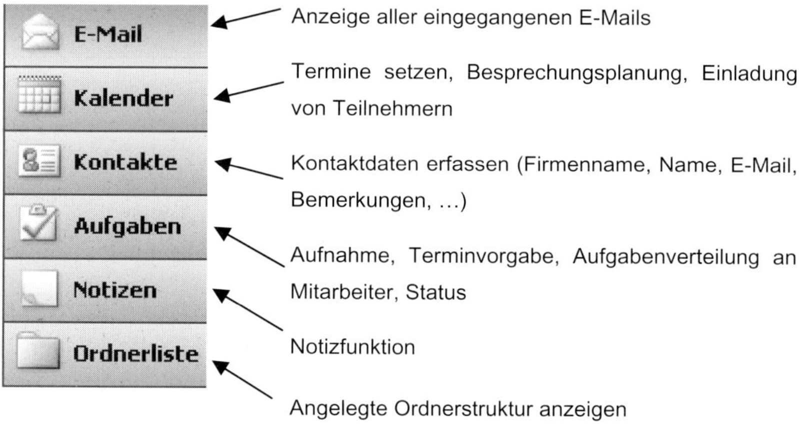

Abb. 65: Outlook-Leiste und Funktionen

Elektronische Post

E-Mail

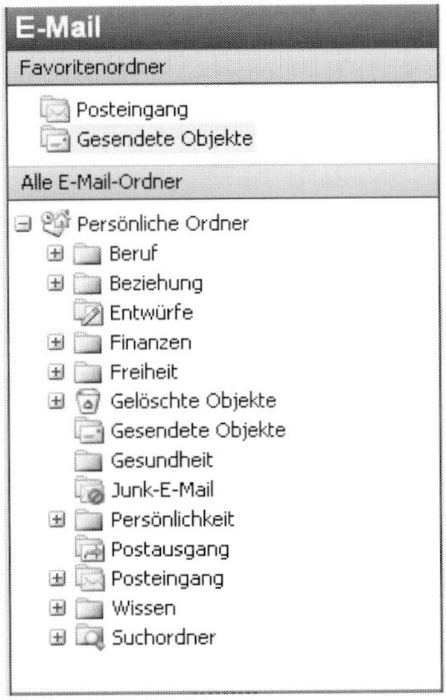

In der Ordnerliste kann sich der Benutzer eine eigene Ordnerstruktur zur Verwaltung seiner E-Mails anlegen. Dazu wird der zu strukturierende Wurzelordner (z. B. Persönliche Ordner) mit der rechten Maustaste angeklickt und die Funktion „**Neuer Ordner**...“ ausgewählt. Nach Angabe des Namens und des Speicherortes (kann hier noch einmal geändert werden) sowie nach Bestätigung, dass er angezeigt werden soll, erscheint der neue Ordner in der Ordnerleiste.

Abb. 66: Ordnerliste

Durch Betätigung der Schaltfläche 

und Auswahl des Menüpunktes „**E-Mail Nachricht**“, kann eine E-Mail verfasst und versendet werden.

Anlage **An..** = Hauptempfänger **CC..** = Empfänger einer Kopie (der Hauptempfänger erfährt, wer eine Kopie erhält); **BCC** = (der Hauptempfänger erfährt nicht, wer eine Kopie erhält

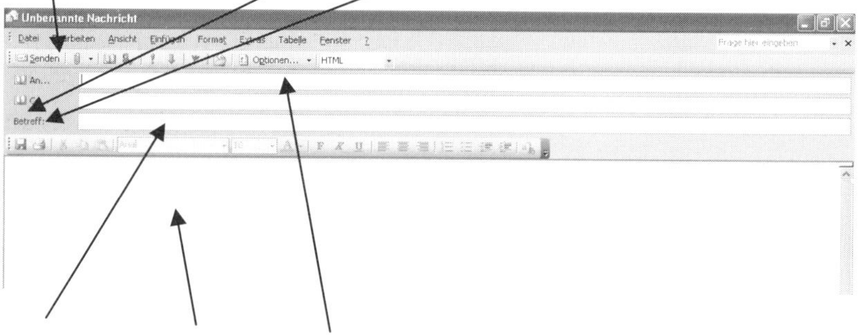

Betreffzeile **Textfeld** **Optionen** (z. B. Das Lesen dieser Mail bestätigen)

Abb. 67: E-Mail verfassen und versenden

Über die Funktion [Büroklammer] können eine oder mehrere Dateien ausgewählt werden, die mit der E-Mail zusammen versendet werden sollen. Nach Betätigung der Taste [Senden/Empfangen] wird die E-Mail an den/die Adressaten versendet. Wurde die Funktion „Das Lesen dieser Mail bestätigen" aktiviert, erhält der Sender, sobald der Absender die E-Mail gelesen hat, eine Lesebestätigung. Nach dem Versand wird die E-Mail in den Ordner „**Gesendete Objekte**" verschoben. Ist eine E-Mail eingetroffen ("Ordner Posteingang"), kann diese beispielsweise nach Anwahl über die Schaltflächen [Antworten] [Weiterleiten] beantwortet oder weitergeleitet werden. Das Adressbuch kann des Weiteren durch die Betätigung der Schaltflächen [An...] [Cc...] aufgerufen werden.

Lesebestätigung

Adressbuch

Über die Eingabe des Nachnamen oder anderer Suchkriterien „**Schaltfläche Objekte suchen**“ können die zu einer Person gepflegten Daten wie E-Mailadresse, Vorname, Abteilung, Telefonnummer abgefragt und beispielsweise zum Versenden der E-Mail verwendet werden.

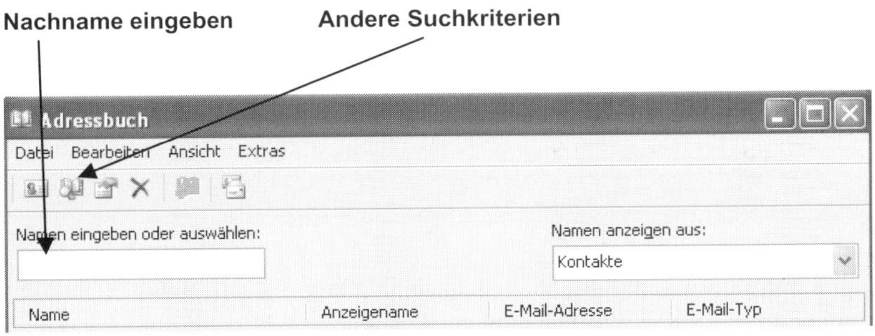

Abb. 68: Adressat aus Adressfunktion auswählen

Vorschau

Durch die Aktivierung der Funktion „**Ansicht – Autovorschau**“ werden die Betreffzeile und die ersten drei Zeilen einer Mail angezeigt. Dadurch ist es beispielsweise möglich, auf einen Blick zu sehen, um welchen Inhalt es sich grob bei einer E-Mail handelt.

auf einen Blick

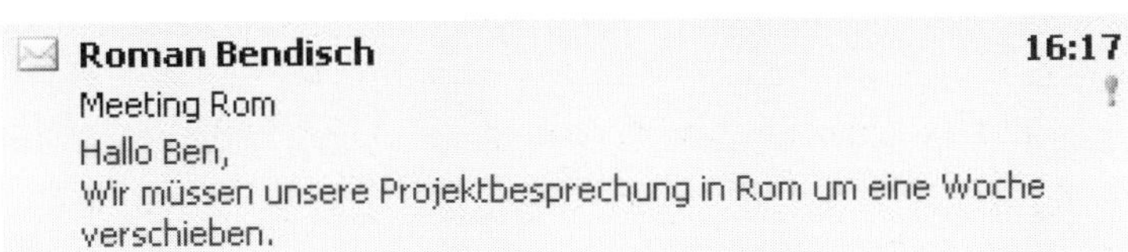

Abb. 69: Zeilenvorschau

Durch die Aktivierung der Funktion „**Ansicht – Vorschaufenster**“ wird im unteren Bereich ein Teil der E-Mail angezeigt, abhängig davon, wie groß das dafür vorgesehene Fenster gezogen wurde.

Abb. 70: Seitenvorschau

Kalender

Nach Betätigung des Symbols „**Kalender**“ in der Outlook-Leiste erscheint diese Übersicht. Der aktuelle Tag ist in dem Monatskalender durch ein rot umrandetes Kästchen markiert.

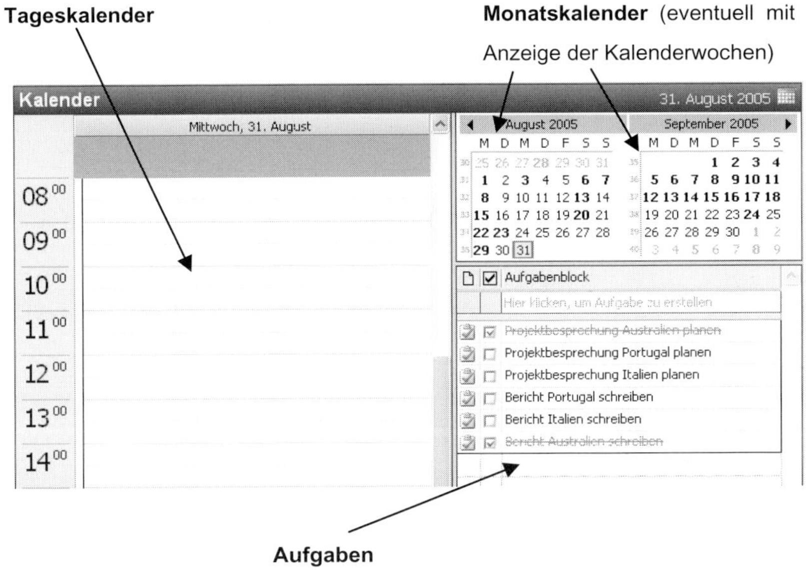

Abb. 71: Übersicht Kalender / Aufgaben

Sind Termine im Bereich Tageskalender gesetzt worden, so können diese verschiedenartig angezeigt werden.

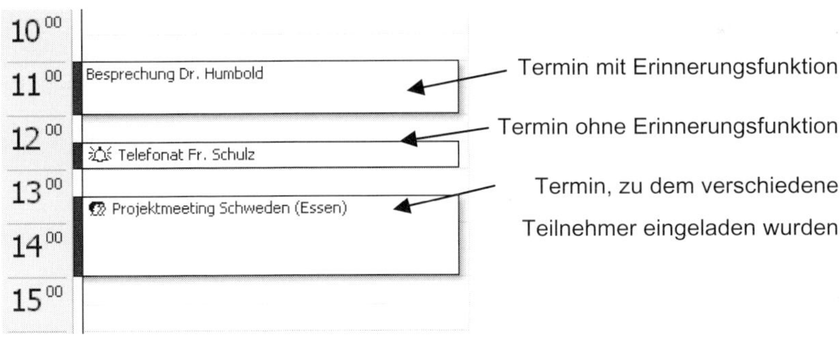

Abb. 72: Möglichkeiten der Terminanzeige

Termin

Zur Fixierung eines Termins sollten die folgenden Informationen angegeben werden. In der Outlook-Leiste ist das Symbol „**Kalender**“ anzuklicken und anschließend die Taste  zu betätigen.

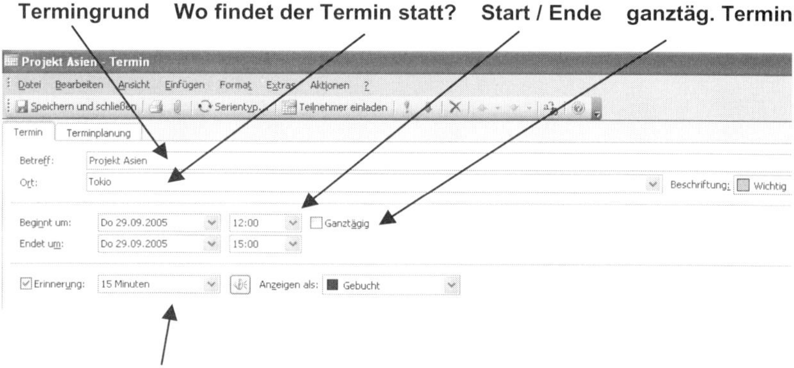

Erinnerungsfunktion (Angabe, wie lange vor dem Termin eine Erinnerung erfolgen soll)

Abb. 73: Termin setzen

Terminserie

Projektbesprechungen

Findet ein Termin (z. B. Projektbesprechungen) regelmäßig statt, so besteht die Möglichkeit, eine Terminserie über die Funktion  anzulegen.

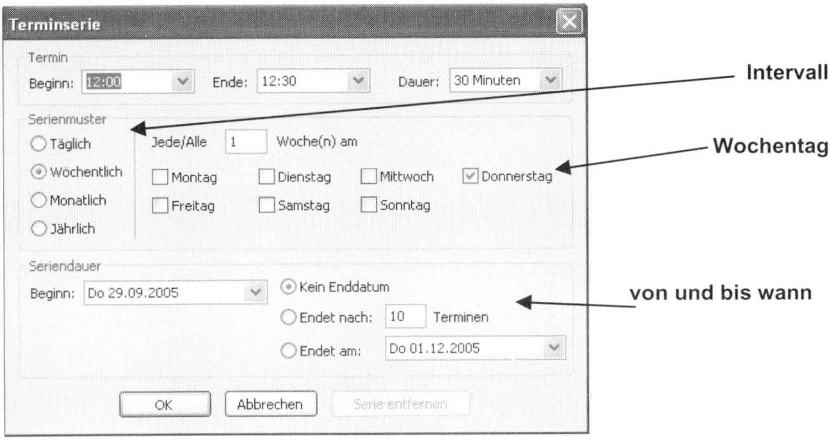

Abb. 74: Terminserie setzen

Einladung

Sind für eine Besprechung verschiedene Teilnehmer notwendig, so können diese über den Reiter „**Terminplanung**" eingeladen werden. Haben die Betroffenen ihre Termine für alle Benutzer freigegeben, sieht man auf der rechten Seite die Zeit, die von den Betreffenden für andere Termine oder Abwesenheiten belegt ist.

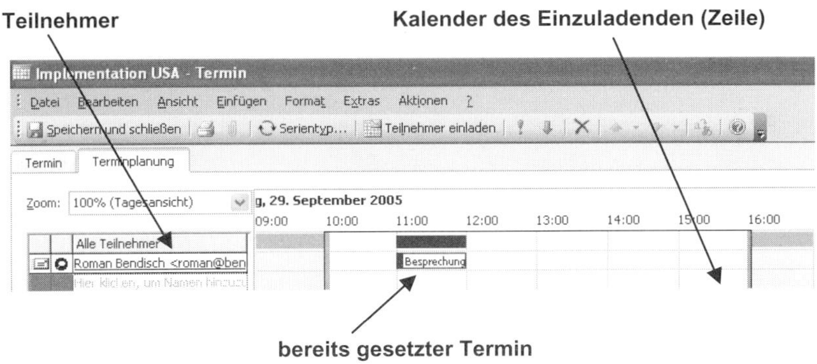

Abb. 75: Teilnehmer einladen

Erhält ein Teilnehmer eine Einladung zu einer Besprechung, sieht diese wie folgt aus:

Abb. 76: Eingehende Einladung

Durch Anklicken der Einladung hat der Teilnehmer verschiedene Antwortmöglichkeiten:

Abb. 77: Antwortmöglichkeit auf eine Einladung

Kontakt

Durch Betätigen des Symbols „**Kontakte**" und der Taste Neu in der Outlook-Leiste können beispielsweise die Kontaktdaten von Geschäftspartnern erfasst werden.

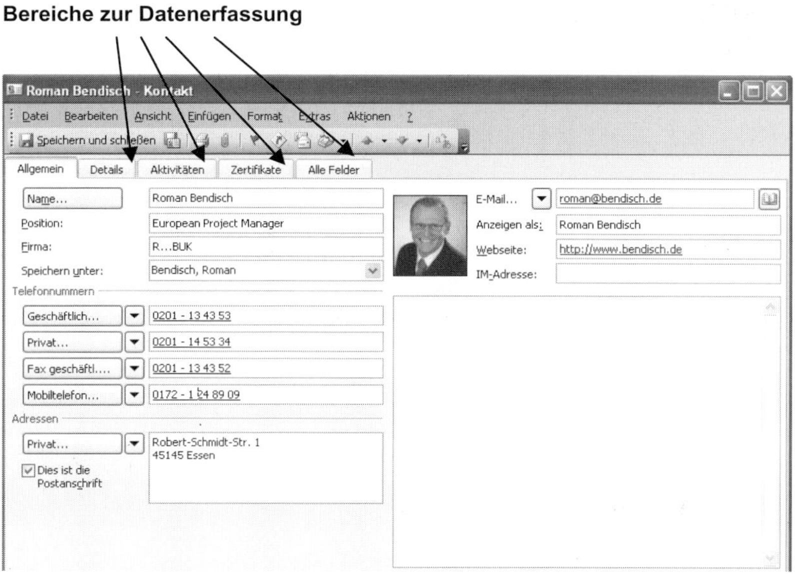

Abb. 78: Kontaktpflege

Nach Betätigung der Taste Speichern und schließen werden die Daten abgespeichert und in der Übersicht angezeigt.

Aufgaben

Mit dieser Funktion können nach Betätigen der Schaltfläche „**Aufgaben**" und der Taste Neu neue zu erledigende Aufgaben in einer Liste eingegeben werden.

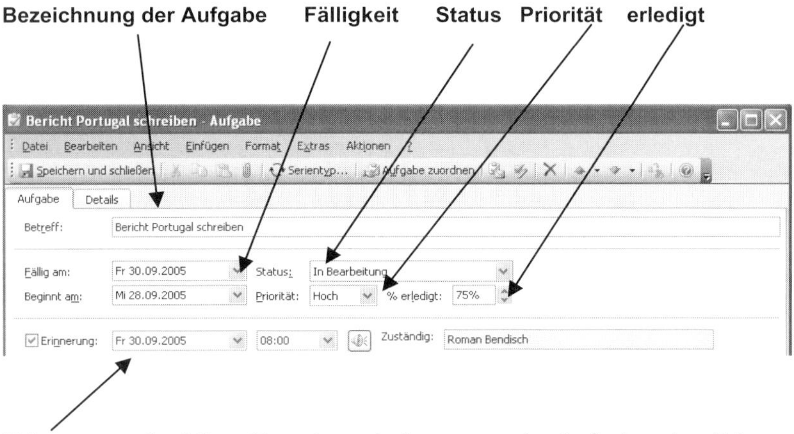

Erinnerungsfunktion (Angabe, wie lange vor der Aufgabe eine Erinnerung erfolgen soll)

Abb. 79: Aufgaben

Aufgabenstatus

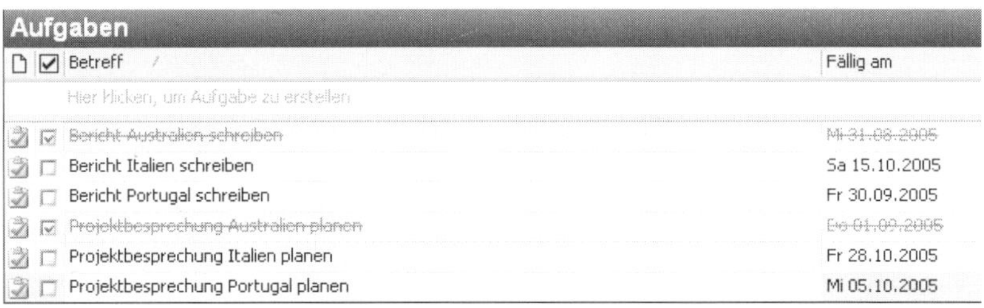

Abb. 80: Aufgabenstatus

Erinnerung

Je nachdem, wie die Erinnerungsfunktion eingestellt wurde, erscheint bzgl. der angegebenen Zeit eine Erinnerung, dass ein Termin oder ein Aufgabe fällig wird.

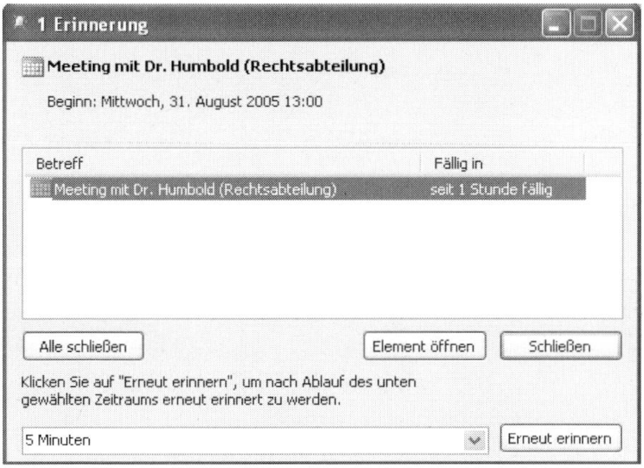

Abb. 81: Erinnerung

Notizen

Die Funktion kann ähnlich wie „**Post-It**“ Zettel benutzt werden. Dazu ist in der Outlook-Leiste der Bereich „**Notizen**“ auszuwählen und über die Funktionstaste Neu eine neue Notiz erstellbar, die nach Abspeicherung in der „**Übersicht .Notizen**“ erscheint.

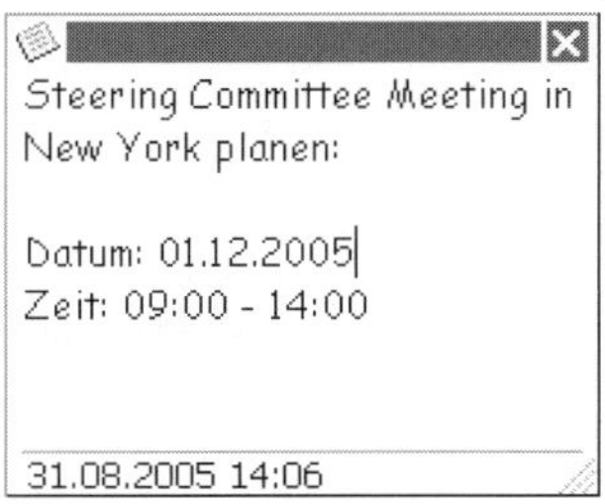

Abb. 82: Notizen

Menüleiste

Über das Hauptmenü sind wie in den meisten Windows–Anwendungen die Programmfunktionen auswählbar. Neben vielen Standardfunktionen enthält die Menuleiste folgende Funktionen:

Abb. 83: Menüleiste

Über den Menüpunkt „**Datei - Importieren / -Exportieren**“ besteht die Möglichkeit, Daten (z. B. die Kontaktdaten, die Kalenderinformationen) zur Sicherung in eine Datei zu exportieren oder aus einer Datei zu importieren. Dazu sind folgende Schritte notwendig:

1. Auswahl der Aktion, z. B. Exportieren in eine Datei
2. Auswahl des Dateityps, in den exportiert werden soll (z. B. Excel)
3. Auswahl des zu exportierenden Ordners (z. B. Kalender)
4. Name und Speicherort der Datei vergeben
5. Auszuführende Aktion bestätigen
6. Zeitraum angeben (beim Export von Kalenderdaten)
7. Fertigstellen

Manuelles Archivieren

Die Daten in Outlook können manuell über den Menüpunkt „**Datei – Archivieren**“ archiviert werden. Hierzu sind folgende Schritte notwendig:

1. Auswahl, ob alle Ordner gemäß der Autoarchivierung oder abweichend davon andere Ordner archiviert werden sollen
2. Angabe des Zeitraums der Daten, die archiviert werden sollen (die älter sind als: …)
3. Name und Speicherort der Datei vergeben
4. Auswahl mit O.K.

Ansicht

Durch Auswahl der Funktion „**Ansicht – Ordnerleiste**" wird die Outlook-Leiste angezeigt.

Extras

Automatisches Archivieren

Die automatische Archivierung ist über den Menüpunkt „**Extras – Optionen – Weitere - Autoarchivierung**" konfigurierbar. Nähere Informationen zu möglichen Einstellungen erhält man durch das Anklicken eines Feldes mit der rechten Maustaste. Es besteht die Möglichkeit, einzelne Ordner aus der Autoarchivierung herauszunehmen. Dazu müssen der gewünschte Ordner in der Outlookleiste mit der rechten Maustaste angeklickt, das Untermenü Eigenschaften ausgewählt und die Option in dem Reiter Autoarchivierung „Elemente in diesem Ordner nicht archivieren" aktiviert werden.

Elektronische Signatur

Durch Bestätigen der Schaltfläche „**Signatur**", welche über die Funktion „**Extras - Optionen**" und den Reiter „**E-Mail-Format**" erreichbar ist, kann eine digitale Signatur erstellt werden, die standardmäßig (Signatur für neue Nachrichten ist zu aktivieren) unter jede E-Mail gesetzt wird.

Abwesenheit

Bei Abwesenheit (z. B. Urlaub, Geschäftsreisen, Besprechungen) kann der Abwesenheitsassistent über das Menu „**Extras – Abwesenheits-Assistent**“ aktiviert werden. Erhält der Abwesende eine Mail, bekommt der Sendende automatisch die Nachricht, die in dem unten gezeigten Fenster definiert worden ist

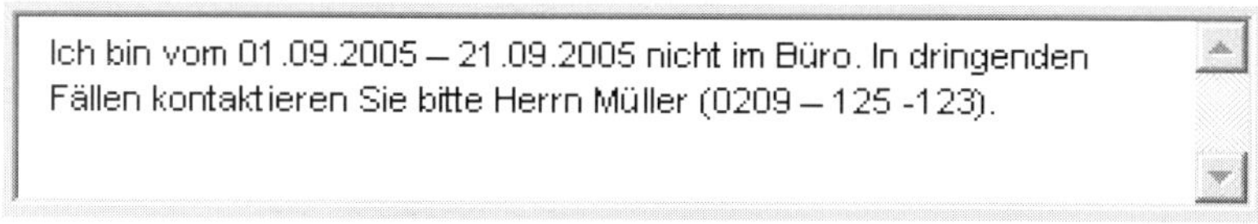

Abb. 84: Meldung bei Abwesenheit

Es besteht die Möglichkeit, den Abwesenheits-Assistenten mit dem Regel-Assistenten zu kombinieren („**Button Regel hinzufügen**“).

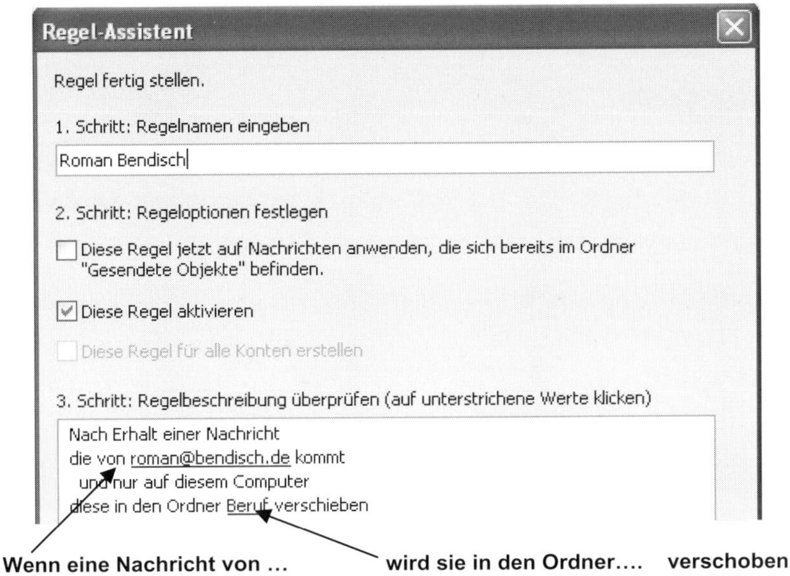

Abb. 85: Regel-Assistent

Die eingehenden Nachrichten können beispielsweise wie folgt verarbeitet werden:

1. Angabe der Bedingung
   - z. B. E-Mail wurde von einer bestimmten Person gesendet oder
   - beinhaltet einen bestimmten Betreff

2. Weiterverarbeitende Funktion aktivieren
   - Verschieben oder Kopieren der Nachrichten in einen speziell dafür vorgesehenen Ordner
   - Weiterleiten der Nachrichten an einen Dritten
   - Beantworten der Nachricht mit einer Standardvorlage

Symbolleiste

Wenn der Mauszeiger auf eine Schaltfläche zeigt, wird die dahinter liegende Funktion ohne Tastendruck, als so genannte „Quickinfo“ angezeigt.

Abb. 86: Symbolleiste

Einsatzgebiete von Werkzeugen

Die in den vorherigen Kapiteln beschriebenen Werkzeuge lassen sich zusammengefasst in den folgenden Projektbereichen einsetzen:

	Mind Manager	MS - Project	Outlook	Share-point
Aufgabenplanung	✓	✓	✓	✓
Ablaufplanung		✓		
Berichtswesen		✓		
Besprechungsplanung	✓	✓	✓	✓
Bewertung	✓	✓	✓	✓
Brainstorming	✓			
Dokumentenverwaltung	✓			✓
Kontaktverwaltung			✓	✓
Kostenplanung		✓		
Kommunikation	✓		✓	✓
Ressourcenplanung		✓		
Risikoplanung	✓	✓		
Status	✓	✓	✓	✓
Strukturierung	✓	✓		
Terminplanung		✓	✓	✓
Zielplanung	✓	✓	✓	✓

Tab. 9: Einsatzgebiete von Werkzeugen

Kontrollfragen

1. Nennen Sie sieben Gründe für den Einsatz von Werkzeugen.
2. In welchen Bereichen können die jeweiligen Werkzeuge eingesetzt werden?

MS Project

3. Welche Planungen lassen sich hauptsächlich durchführen?
4. Nennen Sie 12 Informationen, die sich zu Vorgängen ablegen lassen?
5. Was versteht man unter einem periodischen Vorgang?
6. Welche Daten sollten im Rahmen der Ressourcenerfassung eingegeben werden?
7. Welche Ansichten gibt es?
8. Was versteht man unter „Arbeitsdauer pro Vorgang“?
9. Was versteht man unter „Termintreue Einsatzplanung“?
10. Was versteht man unter „Kapazitätstreue Einsatzplanung“?

Mind Manager

11. Wie ist die Vorgehensweise bei der Erstellung von Mindmaps?
12. Nennen Sie vier Vorteile von Mindmaps gegenüber Notizen.
13. Nennen Sie sechs Vorteile von der Erstellung digitaler Mindmaps gegenüber handschriftlichen Darstellungen.
14. Nennen Sie drei Einsatzmöglichkeiten von Mindmaps.
15. Welche Kreativitätsmethode unterstützt der Mindmanager primär?
16. Mit welchen Werkzeugen ist ein Datenaustausch möglich?

Sharepoint

17. Welche Probleme bringen Informationen und Kommunikation mit sich?
18. Nennen Sie acht Funktionen, die das Werkzeug Sharepoint unterstützt.
19. Welche Vorteile bietet der Einsatz von Sharepoint?

Outlook

20. Nennen Sie die vier wichtigsten Bereiche von Outlook.
21. Nennen Sie acht wichtige Funktionen von Outlook und beschreiben Sie die Funktionsweise.

Index

F

G

H

I

K

Q

R

S

T

U

V

W

Z

Glossar

Arbeitspaket

Teil eines Projektes, der im Projektstrukturplan nicht weiter aufgegliedert ist und auf einer beliebigen Gliederungsebene liegen kann[78].

Audit

Systematische Überprüfung und Bewertung durch Fachleute nach vorgegebenen Checklisten. Systematischer, unabhängiger und dokumentierter Prozess zur Erlangung von Nachweisen und zu deren objektiver Auswertung, um festzustellen, inwieweit Auditkriterien erfüllt sind[79].

Einsatzmittel (Ressourcen)

Personal und Sachmittel, die zur Durchführung von Vorgängen, Arbeitspaketen oder Projekten benötigt werden. Einsatzmittel können wiederholt oder nur einmal einsetzbar sein. Sie können in Wert- oder Mengeneinheiten beschrieben und für einen Zeitpunkt disponiert werden[80].

Kritischer Pfad

Vorgänge bzw. Ereignisse ohne Pufferzeit werden als kritisch bezeichnet. Sie sind sorgfältig zu überwachen, da eine Verzögerung

78 Vgl. DIN 69901
79 Vgl. ISO 9000:2000
80 Vgl. DIN 69902

das Projekt über den festgelegten Endtermin hinaus verschieben würde.

Meilenstein

Ein Ereignis besonderer Bedeutung, im Projektmanagement ein eindeutig definiertes und überprüfbares Zwischenergebnis (Meilenstein-Inhalt), das am Ende eines wichtigen Abschnitts (Phase) erzielt werden muss (Meilenstein-Termin). Zusätzlich kann der Meilenstein als Sollbruchstelle definiert werden, d. h. die Abnahme des Ergebnisses (durch den Projektlenkungsausschuss/den Auftraggeber) ist Voraussetzung für die Fortsetzung des Projekts.[81]

Metaplanung

Die Planung eine Planung (Metaplanung)[82]

Methode

Methoden sind planmäßig angewandte, begründete Vorgehensweisen zur Erreichung von festgelegten Zielen. Im Gegensatz zum Prinzip enthalten Methoden den Weg zu etwas hin, d. h. sie machen Prinzipien anwendbar[83].

Prinzipien

Prinzipien sind Grundsätze, die man seinem Handeln zugrunde legt. Prinzipien sind allgemeingültig, abstrakt, allgemeinster Art. Sie bilden eine theoretische Grundlage. Prinzipien werden aus

81 Vgl. DIN 69 900
82 Vgl. Litke (1995), S. 92.
83 Vgl. Hesse / Merbeth / Frölich (1992)

der Erfahrung und Erkenntnis hergeleitet und durch sie bestätigt oder widerlegt[84].

Projekt

Vorhaben, das im Wesentlichen durch Einmaligkeit der Bedingungen in ihrer Gesamtheit gekennzeichnet ist, wie z. B. Zielvorgabe; zeitliche, finanzielle, personelle oder andere Begrenzungen; Abgrenzung gegenüber anderen Vorhaben; projektspezifische Organisationen[85].

Merkmale nach DIN 69901	Weitere Merkmale
✖ Einmaligkeit der Bedingungen ✖ Klare Zielvorgabe ✖ Zeitliche Befristung mit einem Anfangs- und Endtermin ✖ Begrenzungen finanzieller, personeller und anderer Art ✖ Begrenzung gegenüber anderen Vorhaben ✖ projektspezifische Organisation	✖ Komplexität ✖ Interdisziplinarität ✖ Teamarbeit ✖ Lösungsweg häufig diffus ✖ Neuartigkeit ✖ Besondere Bedeutung

Tab. 10: Merkmale von Projekten

Projekterfolg

Ein Projekterfolg liegt dann vor, wenn die vom Auftraggeber gewünschten Systemresultate mit den vorgesehenen Mitteln innerhalb der vorgegebenen Zeit in der geforderten Qualität erreicht werden[86].

84 Vgl. Balzert (2001) S. 36
85 Vgl. DIN 69901
86 Vgl. Jenny (2001) S. 520

Projektmanagement

Gesamtheit von Führungsaufgaben, -organisation, -techniken und –mittel für die Abwicklung eines Projektes[87].

Projektorganisation

Gesamtheit der Organisationseinheiten und der aufbau- und ablauforganisatorischen Regelungen zur Abwicklung eines bestimmten Projektes[88].

Projektphase

Zeitlicher Abschnitt eines Projektablaufs, der sachlich von anderen Abschnitten getrennt ist[89].

Projektrisiko

Ein Projektrisiko ist die Höhe des Schadens, die ein Unternehmen erleidet, wenn die Projektziele nicht erreicht werden[90].

Projektstrukturplan

Darstellung der Projektstruktur. Die Darstellung kann erfolgen

- nach dem Aufbau (Aufbaustruktur)
- nach dem Ablauf (Ablaufstruktur, Netzplan)
- nach Grundbedingungen (Grundstruktur, Wahlstruktur)
- nach sonstigen Gesichtspunkten (z. B. Mischformen)[91]

87 Vgl. DIN 69901
88 Vgl. DIN 69901
89 Vgl. DIN 69901
90 Vgl. Jenny (2001), S. 521.
91 Vgl. DIN 69901

Projektziel

Nachzuweisendes Ergebnis und vorgegebene Realisierungsbedingungen der Gesamtaufgabe eines Projektes[92].

Review

Ein Review ist ein mehr oder weniger formal geplanter und strukturierter Analyse- und Bewertungsprozess, in dem Projektergebnisse einem Team von Gutachtern präsentiert und von diesem kommentiert oder genehmigt werden.

Teilaufgabe

Teil des Projektes, der im Projektstrukturplan weiter aufgegliedert werden kann[93].

Termin

Durch Kalenderdatum und/oder Uhrzeit ausgedrückter Zeitpunkt[94].

Vorgang

Ablaufelement, das ein bestimmtes Geschehen beschreibt. Hierzu gehört auch, dass Anfang und Ende definiert sind[95].

92 Vgl. DIN 69901
93 Vgl. DIN 69901
94 Vgl. DIN 69900
95 Vgl. DIN 69900

Lösungen

Ziele und Zielkonflikte

1. Ursachen für das Scheitern von Projekten *S. 4*
2. Magisches Dreieck *S. 4 f*
3. Magisches Dreieck *S. 5 f*
4. Zielformulierung in der Praxis *S. 6*
5. Schriftliche Fixierung des Projektauftrags; Projektauftrag ist vom Auftraggeber zu unterschreiben; Ziele sind nach SMART zu fixieren; Auftraggeber und Projektteam müssen der gleichen Auffassung sein, was letztendlich zu erstellen ist; Meilensteine müssen definiert werden; realistische Planung (Kosten, Zeit, Ressourcen,...) muss erstellt werden; Anforderungen müssen vollständig und richtig sein; ausreichend und qualifizierte Projektressourcen müssen zur Verfügung stehen.

Organisation von Projekten

1. Projektarten *S. 10*
2. Projektphasen allgemein *S. 28 ff*
3. Projektphasen allgemein *S. 29*
4. Projektphasen allgemein *S. 32*
5. Projektphasen allgemein *S. 28*
6. Konkretisierung der Ziele *S. 34 f*
7. Strukturierung der Aufgaben *S. 35 f*
8. Ablaufplanung *S. 39*
9. Organisationsplanung *S. 41*
10. Ressourcenplanung *S. 40*

11. Besprechungsprotokoll, Problembericht
12. Bereiche *S. 49*
13. Maßnahmen *S. 55*
14. Aufgabenträger *S. 19 ff*
15. Projektorganisationen *S. 22 ff*

Methoden

1. Netzplantechnik *S. 60*
2. Netzplantechnik *S. 61*
3. Gantt–Diagramm *S. 62 f*
4. Checklistenmethode *S. 65*
5. Checklistenmethode *S. 64*
6. Wirtschaftlichkeitsanalyse *S. 66*
7. Nutzwertanalyse *S. 67*
8. Nutzwertanalyse *S. 68 ff*
9. Methoden der Investitionsrechnung *S. 72*
10. Methoden der Investitionsrechnung *S. 73*
11. Methoden der Investitionsrechnung *S. 73*
12. Mindmapping *S. 74 f*
13. Tetralemma *S. 87 ff*
14. Moderation *S. 78 ff*
15. Visualisierung *S. 81 f*
16. Systematische Fragen *S. 82 ff*
17. Harvard–Konzept *S. 86 ff*
18. Brainstorming *S. 76*
19. Methode 635 *S. 77 f*

Softwarewerkzeuge

1. Softwarewerkzeuge *S. 194*
2. Einsatzgebiete von Werkzeugen *S. 139*
3. MS–Project *S. 95*
4. Vorgangsinformationen *S. 99 f*
5. Festlegen von periodischen Vorgängen *S. 101 f*
6. Ressourcen *S. 103 f*
7. Ansichten *S. 104*
8. Begriffe *S. 105*
9. Begriffe *S. 105*
10. Begriffe *S. 105*
11. Vorgehensweise *S. 106*
12. Vorteile gegenüber Notizen *S. 107 f*
13. Digital versus handschriftlich *S. 108*
14. Einsatzmöglichkeiten von Mindmaps *S. 110*
15. Brainstorming *S. 112 ff*
16. MS–Office Schnittstellen *S. 114 f*
17. Sharepoint *S. 116*
18. Funktionen *S. 117 f*
19. Vorteile *S. 121*
20. Outlook–Leiste *S. 122*
21. MS-Outlook *S. 122 ff*

Literaturverzeichnis

B

Balzert, H. – Lehrbuch der Softwaretechnik – Spektrum Akademischer Verlag, Heidelberg 2001

Bernecker, M. / **Eckrich, K.** - Handbuch Projektmanagement, Oldenbourg, München, 2003

Boy, J. / Dudek, C. / Kuschel, S. - Projektmanagement, Gabal, Offenbach 1997

D

Denert, E. - Software-Engineering: Methodische Projektabwicklung, Springer, New York 1992.

G

Grupp, B. - Qualifizierung zum Projektleiter: DV-Management im Wandel, München 1997.

H

Heinrich, L. J. / Lehner, F. - Informationsmanagement, Oldenbourg, München/Wien 2000

Hesse, W. / Merbeth, G. / Frölich, R. - Software-Entwicklung - Vorgehensmodelle, Projektführung, Produktverwaltung, Handbuch der Informatik, Band 5.3, Oldenbourg 1992

J

Jenny, B. - Projektmanagement in der Wirtschaftsinformatik, vdf Hochschulverlag, Zürich 2001.

K

Kupper, H. - Zur Kunst der Projektsteuerung: Qualifikation und Aufgaben eines Projektleiters - aufgezeigt am Beispiel von DV-Projekten, Oldenbourg, München 1996.

L

Litke, H. - DV-Projektmanagement: Zeit und Kosten richtig einschätzen, Hanser, München 1996.

Lock, D. - Projektmanagement: Projektplanung, -finanzierung, -controlling, Computersystem, Netzplantechnik, Notfallmodifizierung, Verträge, Fallstudien, Ueberreuter, Wien 1997.

M

Maslow, Abraham H.: Motivation und Persönlichkeit, Rowohlt, Reinbek bei Hamburg 2005

Mees, J. / Oefner-Py, S. / Sünnemann, K. - Projektmanagement in neuen Dimensionen: Das Helogramm zum Erfolg, Gabler, Wiesbaden 1993.

Mende, W. / Bieta, V. - Projektmanagement, Praktischer Leitfaden, Oldenbourg, München 1997.

O

o.V. - GPM Deutsche Gesellschaft für Projektmanagement e.V. - Projektmanagement Fachmann Band 1;7., Eschborn, RKW-Verlag 2003

Q

Quack, K. - Zehn Grundregeln für erfolgreiches Verhandeln, 1999.

R

Rinza, P. - Projektmanagement; Planung, Überwachung und Steuerung von technischen und nichttechnischen Vorhaben, VDI, Düsseldorf 1993.

S

Schwarze, J. - Projektmanagement mit Netzplantechnik, Neue Wirtschaftsbriefe, Herne/Berlin 2001

Steinbuch, P. - Projektorganisation und Projektmanagement, Kiehl, Ludwigshafen 1998.

W

Westermann, R. / Kraus, G. - Projektmanagement mit System: Organisation, Methoden, Steuerung, Gabler, Wiesbaden 1998.

Winkelhofer, G. - Methoden für Management und Projekte, Springer, Heidelberg 1997.

Wischnewski, E. - Modernes Projektmanagement: PC-gestützte Planung, Durchführung und Steuerung von Projekten, Vieweg, Braunschweig 2001.

Wöhe, G. - Einführung in die allgemeine Betriebswirtschaftslehre, Vahle, München 2005

Z

Zielasek, G. - Projektmanagement: Erfolgreich durch Aktivierung aller Unternehmensebenen, Springer, New York 1995.

Internetverzeichnis

http://**www.asaris-matrix.de**/create.aspx, Stand: 12.05.2005

http://**www.asaris-matrix.de**/settings.aspx, Stand 12.05.2005

Danke

Der Weg zur Fertigstellung dieses Werkes und die damit von uns gesetzten Ziele zu erreichen, war nicht einfach. Es wurden viel Fleiß, Geduld und Energie investiert. Immer wieder wurden bereits umgesetzte Ideen hinterfragt, überdacht, verbessert und wiederum in optimierter Form mit in das Werk eingebracht.

Es war uns wichtig, praxisrelevantes Wissen in kompakter Form für Praktiker und Studenten auf den Punkt zu bringen und das Nachschlagen bzw. Lernen mit diesem Buch durch einen grafischen Wegweiser, eine übersichtliche Darstellung, eine richtige Kombination von Grafik und Text und eine kapitelgestützte Lernkontrolle möglichst effizient zu gestalten bzw. zu erleichtern.

Wir möchten all denen danken, die uns bei diesem Buchprojekt unterstützt haben und die eine oder andere Idee geliefert haben. Insbesondere Bianca Bendisch, die in einigen Abschnitten an diesem Buch mit gearbeitet und den Bereich Kreativitätsmethoden verfasst hat.

Autoren

Dipl.-Informatiker Roman Bendisch ist europäischer Projektmanager, freiberuflicher Dozent und Autor.

Prof. Dr. Uwe Kern ist Professor für Wirtschaftsinformatik und Unternehmer im IT– und Medienbereich.

Firma R..BUK

R..BUK

Projektauftrag

Angaben zum Projekt

Projektbezeichnung:		Projektnummer:	
Autor:		Version:	
Land:		Priorität:	
Projektklasse		Änderung:	ja ☐ nein ☐

Änderungen

Grund Warum wurde geändert?		
Bereiche Was wurde geändert?		
Auswirkung Wo / wie wirken sie sich aus?	Kosten ☐ Zeit ☐ Leistung ☐	

Firma R..BUK

R..BUK

Projektauftrag

Voraussetzungen für das Projekt

Ziele

Primärziele	Sekundärziele	Nicht-Projektziele

Art und Weise der Kommunikation und Information

	ja / nein	Intervall	Sprache	Verantwortlich
Newsletter	☐			
Projekt Meeting	☐			
Steering Committee Meeting	☐			
Projektbericht	☐			
Dokumentenablage	☐			
	☐			
	☐			

Betroffenes Umfeld

	Bezeichnung	Verantwortlich	Land	Betroffenheitsgrad
Abteilungen				

	Projekt	Verantwortlich	Bereich	Einflussgrad
Projekte				

	Standort / Land								
Standorte									

Systemumfeld

Softwaremodule /-lizenzen	Module / Standort								

Hardware / Sonstiges	Standort	Datenbank	Server	PCs	Drucker	Fax

Ressourcen

Name	Land	Abteilung	PT	SC	Std.	I / E
			☐	☐		
			☐	☐		
			☐	☐		
			☐	☐		
			☐	☐		
			☐	☐		
			☐	☐		
			☐	☐		

PT = Projektteam **SC** = Steering Committee **I** = Intern **E** = Extern

R..BUK

Projektauftrag

Aufgaben

SC	Sponsor	PM	PT	FB	Sonstige

SC = Steering Committee **PM** = Projektmanager **PT** = Projektteam **FB** = Fachbereich

Kosten

	Extern	Intern
Hardware	€	€
Miete	€	€
Software	€	€
Lizenzen	€	€
Reisen	€	€
Personal	€	€
Sonstige	€	€
Summe	€	€

Projektauftrag

Nutzen

	Einsparpotential	Euro
Monetär		€
		€
		€
		€
		€

Nicht Monetär	

Risiko

Nr.	Risikobeschreibung	Eintrittswahrscheinlichkeit	Auswirkung	Betroffener Bereich	Möglicher Schaden	Präventive Maßnahmen	Korrigierende Maßnahmen

Projektphasen

	Aufgaben	Ergebnisse
Projektvorbereitung		
Konzeption		
Spezifikation		
Realisierung		
Implementation		
Wartung		

Firma R..BUK

R..BUK

Projektauftrag

Standards

Dokumentation

Dokument	Sprache	Format	Verteiler	Digital
				☐
				☐
				☐
				☐
				☐
				☐
				☐
				☐
				☐
				☐
				☐
				☐
				☐
				☐
				☐
				☐

Schulung

Inproduktionsnahme

Unterstützung

Projektauftrag

Genehmigung

Name	Funktion	Datum	Unterschrift

Firma R..BUK

R..BUK

Besprechungsprotokoll

Projekt:

Ort:

Datum

Uhrzeit

Grund

Telefon-Nr.

Fax-Nr.:

Mobil–Nr.:

E-Mail-Adresse:

Protokollant:

Teilnehmer

Verteilerkreis

Besprechungsinhalt

Nr.	Was?	Wer?	Wann?	Status

Status: ✓ = abgeschlossen ◌ = in Bearbeitung ✕ = zurückgestellt

Besprechungsprotokoll – PD – 1005/ 01

Firma R..BUK

R..BUK

Projektabschlussbericht

Datum:

Telefon-Nr.

Fax-Nr.:

Mobil–Nr.:

E-Mail-Adresse:

Projekt Manager:

	Plan	Ist
Projektanfang:		
Projektende:		

	Kosten	Zeit	Leistung
Zielerreichungsgrad			

Ziele

Primärziele	%	Sekundärziele	%	Nicht-Projektziele	%

Projektabschlussbericht

Zeit

Hauptmeilensteine	Stichtag	Status

Kommentar

Projektabschlussbericht

Kosten

	Plan	Ist
Hardware	€	€
Miete	€	€
Software	€	€
Lizenzen	€	€
Reisen	€	€
Personal	€	€
Sonstige	€	€
Summe	€	€

Grafische Darstellung

Plan	Ist

Kommentar

R..BUK

Projektabschlussbericht

Ressourcen

Name	Land	Abteilung	PT	SC	Std.	I / E
			☐	☐		
			☐	☐		
			☐	☐		
			☐	☐		
			☐	☐		
			☐	☐		
			☐	☐		
			☐	☐		

PT = Projektteam **SC** = Steering Committee I = Intern **E** = Extern

Bewertung

Stärken	Schwächen

Projektabschlussbericht

Offene Punkte

Gesamtergebnis

Wichtige Projektdokumente